U0364786

机器人与人

[美] 约翰·乔丹◎著
（John Jordan）

刘宇驰◎译

中国人民大学出版社
·北 京·

序

尝试写一本有关机器人的书代表了信念上的一次飞跃。这个领域已经如此庞大，并且还在继续扩展，而且对于我写作的速度来说，机器人领域现在的发展速度太快了。那么，我为什么还要写这样一本书呢？

我相信，机器人领域的研究正在进入一个至关重要的阶段。技术的发展已经足以支撑机器人的大规模商业化应用和政府用途，甚至它们很快也会走入寻常百姓家。假以时日，机器人将会更直接而显著地影响无数人的生活。

在机器人设计过程中做出的技术选择不仅包含了价值判断与期望，通常也具有道德上的意味。虽然我接触到的每个机器人学家都聪明、善良，并且谈吐过人，但是我希望做出这些技术决策的不仅仅是一个由少数科学家、工程师组成的孤立圈子，因为这些决策将会影响我们的生命、死亡、健康、工作与生计、阶层地位、个人隐私、性别认同、未来战争、城市景观和其他重要领域，他们需要获得帮助，需要多元化的视角。

本书旨在让更多人参与到机器人学的技术决策中，决定机器人能够做什么和应该做什么，选择机器人的外观，明确机器人的定义。我希望机器人学家能够阅读本书，但我的目标读者是专业领域以外的人。今天做出的设计选择将会在未来几十年里持续影响人们的生活，所以我们现在就要提出问题、做出决定，到底“好的”机器人应该是什么样的。由于机器人学领域包含的内容广泛，发展迅速，所以我在撰写本书的时候并没有求新求全，而是把重点放在长期性的议题上：未来的机器人与机器人学将具备什么功能，带来何种竞争，做出什么取舍？

我们所讨论的这些话题有什么意义？不论是在战场、医院、生产线，还是在病人康复、假肢使用和老龄化的应对中，机器人在很多重要场合都与人类协同工作，而不是完全取代人类。与其争论什么是机器人，我们不如把它们看作一种对人类特性的强化——持续性的计算-机械特性的强化。由此可知，机器人与人类在未来的生活和工作中将会更加密切地结合在一起，显著地改变人类的处境。因此，机器人不会成为人类的奴隶或者潜在的主人，它们将成为人类的伴侣。这些即将发生的转变迫使我们不得不立即修正我们的理论、规范和期望。这本书，这种信念上的飞跃，就是我在此方向上迈出的一小步。

目录

第一章　引言

借助电视和电影的传播，富有影响力的美式科技故事已经深入人心。如果把太空视作拓荒之地（尽管可能不是最后一块），把光剑当成步枪，《星球大战》系列电影在许多方面看起来就是西部片的升级版。这些影视形象或者原型，如机械战警、《银翼杀手》里的复制人、聪明又礼貌的机器人 C-3PO 和迪士尼出品的《机器人总动员》里的机器人瓦力，产生了广泛而深远的影响。反观现实生活中的抛式机器人、人形机器人阿特拉斯、Motoman 机器人、Kiva 仓库机器人、Beam 机器人，乃至那些重新定义了战争、工业车间和人机协作的真实机器人，大多数人对它们的功能和形象一无所知。但提到电影里的“终结者”，却几乎无人不知，甚至连它的奥地利口音也已经家喻户晓。

2004 年，克里斯·范·奥尔斯伯格（Chris Van Allsburg）广受欢迎的童书《极地特快》（*The Polar Express*）被搬上银幕。借助数码动作捕捉技术，包括汤姆·汉克斯（Tom Hanks）在内的奥斯卡影星加入了影片的制作，但最终呈现的动画角色，用批评家的话说就是“恐怖”“怪异”“死鱼眼”，这部电影也被称为“僵尸列车”。多年以来，数字动画设计师不懈地追求更多的多边形、更多色彩深度和更多像素——总之就是更多的电脑运算。但是逼真的动画效果非但没有赢得观众的欢心，反而使动画设计师陷入了所谓的“恐怖谷”悖论，根据这一理论，在一定程度内，制作出来的人物越逼真，反而会让人越不舒服。Repliee 是 2005 年问世的日本仿真女性机器人，她那近乎真人的外表也同样使人感到不安。

与好莱坞不同的是，波士顿动力公司（2013—2016 年是谷歌旗下公司）致力于开发为美国军方服务的机器人。有关机械猎豹、人形机器人和机械狗的 YouTube 公开视频吸引了上千万人点击观看，这也使许多人首次得以了解当前机器人科学的最新进展。与视频在网络上惊人的访问量相比，更令我震惊的是我的学生观看视频时的反应：当有人用力推搡、猛踢机械狗来展示它的稳定性时，学生就像看到有人在镜头前击打小狗一样倒吸凉气。

机器人正朝着数量更多、功能更强、更多样化的方向发展。从长期来看，它们对经济、城市的破坏性影响可能与机动车不相上下。在这场巨变中，人们将会关注发生的一切，并呼吁出台规则、标准，并制订可能的路径。市民阶层自然对可能被机器人改变的一些领域抱有兴趣，如工作、薪酬、安全生产、体面的老年生活、国际冲突的变化、个人隐私等。然而，很多因素交织在一起，阻碍了我们对当前和未来机器人需求的进一步探讨。

知情对话的重重障碍

每当一个新的发明出现，它的命名史就显示出它是如何从一个陌生事物成为新奇玩意儿，最终变成见怪不怪的日常事物的。仅仅百十年前，汽车还被称作“无马马车”，它的命名方式是指出它不是什么，而不是说明它是什么。更近的例子，美国军方把无人机称作“UAV”，即“无人驾驶的航空器”，延续了否定式命名的传统。

“机器人”一词源于20世纪20年代，最初表示某一类奴隶；人们通常认为机器人的特点是可以代替人类完成无聊、肮脏、危险的任务。只要了解一下谷歌的无人驾驶汽车，以及谷歌收购Schaft公司和波士顿动力公司获得的人形机器人，你就可以窥见这个领域科学与工程技术的持续迅猛发展。变化如此之快，以至于计算机科学家在什么是机器人这个问题上难以达成共识。有的意见认为，一个设备同时满足以下三个条件就是机器人：(1) 可以感知周围环境；(2) 可以对大量输入进行逻辑推理；(3) 可以作用于物理环境。其他一些人则坚持机器人必须要能在物理空间中移动（排除了Nest公司的自动调温器）。还有一些人认为真正的机器人必须有自主性（排除了工厂的组装工具）。难以对机器人展开讨论的第一个原因：即使这一领域的顶尖专家，对机器人的定义也没有达成共识。

伯纳德·罗斯（Bernard Roth）是机械工程领域的资深教授，他在斯坦福人工智能实验室（SAIL）创立之初就参与其工作。罗斯教授基于他在这个领域的多年经验，提供了一个更微妙的定义。首先他提出了一点质疑：关于什么是机器人（或什么不是机器人）的普遍定义是否存在？因此，他倾向于使用一种更加相对性的和有条件的定义：“我的观点是，机器人的概念取决于在一个给定的时期，哪些行为与人类相关联，哪些行为与机器相关联。”当机器人的性能发生进化时，它的概念也随之改变。“如果一台机器突然能够从事我们一般认为人类才能做的事情时，这台机器在分类上就可以升级为机器人了。过了一段时间，当人们已经习惯于机器从事此类工作时，它就又从‘机器人’降级为‘机器’。”[1]难以对机器人展开讨论的第二个原因：随着社会语境变化和技术创新，机器人的定义也会随时间产生间断平衡式的演变。

人们对机器人学的期望不同于其他任何新兴技术，因为机器人学的词汇深受包括文学、电影和电视在内的科幻作品的影响。从来没有任何一种技术在投入商用之前被如此广泛地阐述和探究过：尽管互联网、移动电话、电冰箱、空调、电梯、原子能等不计其数的新发明重塑了人们的生活图景，但它们在商业化之前并不广为人知。在这些技术领域，很少能够产生拥有数亿观众、充斥大量幻想的科幻作品，即使有的话，也是在技术普及之后才出现的。而机器人学领域则恰恰相反，虚构作品出现在先，并以前所未有的方式影响了相关科学和工程技术。难以对机器人展开讨论的第三个原因：科幻作品比工程师更早地设定了机器人相关概念的边界。

这一悖论的形成也有一定的历史偶然性：在1940—2000年，大众科幻借以传播的几种媒体——图书、漫画、电视和电影——都在这一时期同时发展成熟。因此，大众传媒塑造了公众对整个计算-机械创新的概念与预期，尽管这些创新在当时还没有实现：在实际产品面世以前，公众就已经对它产生了复杂、普遍的看法与预期。

现代西方机器人学已经深受科幻作品的影响，这一点为什么如此重要？因为这个学科的整个意义系统和预期是由幻想所创造的，而不是基于事实的构建。最重要的是，科幻作品对“真正的”机器人有着不切实际的过高期望：非科技类记者、小说家，甚至牛津哲学家尼克·博斯特罗姆（Nick Bostrom）都会提出这样的问题：机器人是否会有意识地反抗它的制造者，即使这在技术上是不可能的。关于机器人的假设里面掺杂了小说、电影及其他各种文化因素，我们不仅需要去检验其中的伦理、自主权和所谓的作恶能力，而且要再次检验那些和工作、战争、人类能力及局限相关的假设。

这里我们不得不提出一个更热门的话题。人工智能尽管不像机器人有那么多相关的文学和电影作品，但与人工智能相关的概念让许多非机器人学家产生了困惑和不信任感。特斯拉汽车和 SpaceX 的首席执行官埃隆·马斯克（Elon Musk）2014 年在麻省理工学院的一个研讨会上就说，人工智能可能是“人类最大的威胁”：

> “我想我们应当非常谨慎地对待人工智能。如果要我猜测我们面临的最大威胁是什么，很可能就是人工智能。所以我们在处理人工智能问题时必须十分小心。越来越多的科学家认为，应当在全国或者是全世界范围内制定相应的监管规则，确保我们不会做出很愚蠢的举动。使用人工智能就如同召唤恶魔。在那些魔法故事里，我们以为那个使用五芒星和圣水的人肯定可以控制恶魔，但是往往事与愿违。”[2]

有意思的是，马斯克在宏观科学领域阐述他的观点时，引用的是神话和小说里的桥段。我们先不管那些巫师和恶魔，想想人工智能在一些限定的受控领域取得的最大成就：比如国际象棋、围棋和广为人知的电视问答节目《危险边缘》(*Jeopardy*!),还有搜索框自动联想功能、手机广告的自动植入。至关重要的是,我们要区分强人工智能(最终将达到人类的认知水平)和为完成特定任务所设计的算法,后者如信用评分、欺诈识别、谷歌地图路径规划,这些算法一旦脱离其所在的领域就变得毫无价值。[3]不过,尽管深度学习技术的发展极其迅速,我还是认为能否超越人脑并不是衡量成功与否的恰当标准。

人们现在普遍有一种恐惧,即害怕人造生命体的能力超越人类自身。即使它们目前连最基本的任务(如连接打印机)都很难完成,这种恐惧也仍然存在。这与你把机器人技术称作什么关系并不大,无论是叫作"人工智能""机器人",还是超先进的"智能私人助理",比如苹果公司的Siri或是电影《她》(*Her*)里面斯派克·琼斯(Spike Jonze)的虚拟伴侣Samantha。对机器人的虚构描述激起的恐惧和不确定感,远远大于人类对真实机器人的反应,而后者往往可以说是"波澜不惊"。[4]难以对机器人展开讨论的第四个原因:机器人学渗透到其他一些人类更加知之甚少甚至被认为险恶的技术中。

路径依赖

每种新技术从实验室开始到投入广泛使用都会经历许多阶段。在开始阶段,首先是基础科学研究,接下来是极其困难的应用科学。这一阶段的推进将会面临一系列棘手的工程问题,首先需要解决的就是"我们如何实现它"。在企业家和其他人搞定商业模式("怎么用这个技术赚钱")之前,某一个时间点上,我们需要做出设计决策,这些决策很大程度上决定了该技术对未来的影响。这在经济学上有一个概念，叫作“路径依赖”，即过去的技术决策制约了现在的选择。[5]这方面的例子有：选择交流电还是直流电，铁轨间距设计成什么宽度的，键盘上的字母按照什么方式排列。

在人工智能、机器人学、传感器和信息采集/处理领域，我们已经到了一个必须让科学家和工程师以外的更多人加入探讨的节点了。尽管“如何实现”的问题还没有完全解决，但是我们现在必须在前进道路上做出方向性的选择。简而言之，现在我们应该向更多人询问他们想要从这些技术中得到什么和避免什么。机器人学可能将在很多方面产生影响，如就业和财富积累、身份与关系、公民与战争、隐私与个人能动性。所以，影响设计决策的绝不仅仅是工程学上的限制。同样起作用的还有政治、经济、运气及其他因素，只是目前这些还处于次要的位置。[6]

为了让这个概念不那么抽象，我举两个例子。杰伦·拉尼尔（Jaron Lanier）在他那本《你不是一个小器件》（*You Are Not a Gadget*）中讲了一个故事，很好地诠释了什么是路径依赖。当乐器数字接口（MIDI）最开始把合成器与电脑相连的时候，基于当时计算机科学的情况所做出的一个设计决策，就是把键盘触发器设计成二进制的：一个键要么是“按下”（在数字域内），要么就是“未按下”。但是像布鲁斯这样的真实音乐，是允许乐手在吉他或口琴上面使用“推弦”“压音”等技巧来改变音调的。由于最初设计时的规格所形成的路径依赖，MIDI 音乐就无法实现那些音效。结果就是，电子音乐在 30 年间发出的声音都是拉尼尔所谓的“哔哔”之音，而这本来是可以避免的。[7]

更近的一个例子是，谷歌一度想把旗下所有的社交网络服务——如 YouTube、Gmail 和 Grand Central（2009 年改为 Google Voice）——扩展整合到 2011 年发布的“Google＋”网站下面。因为某些原因，这个网站强制人们使用真实姓名和性别来注册。从积极角度来说，实名认证可以减少网络上的口水战，也让谷歌更容易通过它的设施来追踪用户行为，从而使广告效果更好，但是对某些人来说，实名制简直就是个人隐私的噩梦。在谷歌把 Google＋信息整合到安卓通讯录的过程中，至少有一名变性人的性别身份在未经本人同意的情况下通过文字信息泄露出去了。深度参与了 Google＋设计决策的谷歌联合创始人谢尔盖·布林（Sergey Brin）在 2014 年承认：“谈论社交问题我可能是最差的人选……我并不是一个很爱社交的人。”[8]在无数的设计选项中，实名认证的决策产生了深远的影响。除了给用户带来不便之外，布林在整合谷歌旗下网站时对实名制的顽固坚持，也让它疏远了多数用户，这可能也是 Google＋不被人接受的原因之一。最终，谷歌在 2014 年放弃了实名政策。

机器人学的重要性：一些实际考量

机器人学和我们已知的从 1950 年到 2005 年左右的电子计算机技术有什么区别呢？某些重要而复杂的议题是我们不得不尽快面对的，比如以下几点。

1. 无处不在的摄像头和传感器——包括电线杆上安装的、面部佩戴的、放在口袋里面的、地底下的（主干水管上或者监测地震用的），甚至是天上的（无人机拍摄已经招来了司法审判和诉讼）——正在重新设定隐私、安全与风险的边界。被观察者享有什么权利？观察者又承担什么责任呢？[戴夫·艾格斯（Dave Eggers）在小说《圆圈》（*The Circle*）里就描绘了这样一幅令人印象深刻的反乌托邦图景：无孔不入的监视设备，社交网络上友邻的压力，胜者通吃的市场环境。]

2. 当机器人投入战争的时候，它们将会在何时被黑客以何种方式入侵？谁将会设计一个无人驾驶的自杀式汽车炸弹？（据报道，某恐怖组织在 2016 年年初已经在做这件事了。）无人机操控者和机器人软件的编制者也应该服从《日内瓦公约》吗？如果机器人实施酷刑，应当由谁来承担责任？得到军方强力支持的机器人技术，将在战争和冲突领域挑起诸多争议。

3. 我们这个日益物联化的星球产生了海量的数据，这些数据让计算机科学、信息理论、统计学和物理学（涉及磁性存储介质）经受着压力测试。传感器和机器人学紧密相关，这两个领域经常难以区分。全球范围内，平均每两秒钟就有一台通用电气的飞机引擎报告起飞程序。每台引擎的一次飞行平均产生 1TB 数据。[9] 即便按照 10∶1 的压缩比，单次飞行的数据也有 100GB，相当于每天产生 100 万张 DVD 光盘的数据量。由于无法储存所有的数据，因此，对数据进行取样、（进一步）压缩、记录和其他操作必须做到极致。在任何一个领域处理这种量级的信息问题都面临着极大的挑战，不管是商业的、学术的、医疗的还是体育方面的。

4. 技术知识的更新比以往更加迅速。机器人的机器学习、机器视觉及其他领域的发展日新月异，使就业模式和职业演化的问题变得复杂。机器人无疑将取代体力劳动者，而且也迫使工程师、程序员和科学家不断学习新的技能。此外，我们更多地与平台（如微软的Windows、苹果的iOS、谷歌地图）打交道，而不是直接与产品打交道。平台的功能极其强大，正如梅振家（Chunka Mui）和保罗·卡罗尔（Paul Carroll）指出的，每一辆谷歌无人驾驶汽车都会从其他所有谷歌汽车的经验中学习。[10]当谷歌把汽车、机器人、温控器、智能手表、手机都放在一个通用的安卓软件平台上时，相应地，我们应该如何学着面对这样一个平台化的世界？平台经济及其所蕴含的封闭式和排他性许可等关键理念，已经产生了广泛且深远的社会影响。

5. 当计算机技术介入人们在自然环境中的各种活动时，应当遵循什么规则呢？一位佩戴谷歌眼镜的女士在酒吧遭到攻击，因为她的行为破坏了社会潜规则；无人驾驶汽车至今也没有明晰的侵权责任法；使用3D打印技术制造枪支或打印受专利/版权保护的材料，也还是法律上的真空地带；没有人知道当人们可以对路人使用面部识别技术时会发生什么情况；设想谷歌如果利用Nest智能家居的传感数据来定向推送广告将会引起消费者（或者欧盟）怎样的反弹。提示一下这些规则的重要性：电话发明之初，当时的社交礼仪是，在没有人介绍你的情况下，和别人打招呼是不礼貌的行为。结果，很多语言里都有了两种问候语，一种是打电话时使用的（如法语的allô），另一种则是当面使用的（法语的“bonjour”）。在英语里面，亚历山大·格拉汉姆·贝尔（Alexander Graham Bell）本人比较喜欢的解决方案是用“ahoy”作为电话问候语。[11] 130 年后的今天，面对下一波实体计算技术的浪潮，我们还有很多问题需要协商，包括社会生活中的一些行为准则。

6. 这些技术将如何增强和扩展人类的能力？未来 100 年内，借助外骨骼、看护机器人、远程呈现或者是假体，人类的形态、能力与活动范围都将发生改变。与此同时，人类又将如何强化新的计算装置？是不是也需要有人来指导操控 ATM 机或无人驾驶汽车，就像达·芬奇手术系统（尽管采用了机器人技术，但并不能算作严格意义上的机器人）一样？人类与计算-机械系统协作的前景不可估量：我们还将看到多少个斯蒂芬·霍金（Stephen Hawking）、阿德里安娜·哈斯利特-戴维斯（Adrianne Haslet-Davise）[12] 和罗宾·米勒（Robin Millar）[13]？但是我们首先要对各种技术和非技术的挑战进行识别、命名和商讨（不仅仅是“解决”）。[14] 此外，我们如何分配这些强化技术的使用权？

7. 与键盘、屏幕、鼠标相比，机器人学开启了无数新的人机交互方式。点头、眨眼、滑动手指、口头命令，甚至脑电波都可以用来触发动作。考虑到语言、文化及人本身的差异性，还有诸如能耗、防水之类的物理限制，人类将要如何学习“驾驭”所有这些新工具？机器人的颜色选择也是一件很有意思的事情。现在多数机器人都采用了白色，包括索尼的 Aibo 机器狗、本田的 Asimo、Bestic、Jibo、Beam 和 Atlas II。回想一下当初台式电脑在很长一段时间里都是统一的乳白色，然后是黑或者灰，直到苹果公司用蓝绿色调和橘色调重新定义了电脑的色谱。既然电脑的颜色可以向人类传达不同的含义，我们同样期待人们对红色 Baxter 机器人的接受度，或许还会出现为有色人种市场开发的黑色或棕色的自主机器人。

8. 机器人学及相关领域（如物联网）所驱动和使用的基础设施与工业经济中的基础设施有很大差异。随着需求的增长和管理控制技术的提升，系统变得越来越庞大。在某种程度上，这些变化带来了新的风险。机器人技术需要不同种类的生产车间：我们将不再需要考虑人类舒适性而在仓库内安装空调系统，但是装配线上的机器人需要配备安全防护栏。随着机器人承担起运输任务——不管是在地面还是空中，或者医院走廊——交通系统要为它们提供与人类驾驶员不同的信号和安全预警。

以上的 8 个问题集中牵涉了法律、信仰、经济、教育、共享、公共安全和人类身份等方面，在技术上则涉及能源管理、磁存储、材料科学、算法计算等领域。考虑到机器人学广泛深远的影响，我们不能仅仅依靠技术专家来解决这些重大且迫切的问题。

小　结

机器人和机器人学引发的法律、故事、经济影响及盲点等各方面的问题，既不是必然的，也不会显而易见。为了打磨、厘清和评估这些问题，我们还有大量工作要做。下一波计算技术将会开启划时代的变革，它对我们的影响将不亚于当年的汽车、家用电力和自来水。（以无人机为例，有关无人机战争的伦理、政治和战略后果在未经国会和公众讨论的情况下，就已经引起了巨大的反响。）无人驾驶技术、嵌入式或挂载式的计算机和传感器、自主机器人，这些技术投入市场的时间已经指日可待，我们迫切需要更广泛的人群参与对其进行监管。工程师和科学家已经一次又一次地解决了“如何使这些装置及技术发挥作用”的问题，现在需要我们更多人来提出问题：“在这些领域可以做出哪些现实选择?”——并且参与到决策中来。

这个过程将会是曲折的，正如“选择理论”相关研究所揭示的：人们在面对既有选项时通常不知道自己想要什么。[15]在对新产品进行评估时，采用“代表性群体”调研和其他市场调研方法都存在重大缺陷。苹果手机面世之前，智能手机市场几乎是黑莓和诺基亚的天下，两者采用的都不是玻璃屏幕。尽管黑莓的生产商 Research in Motion 和诺基亚在研发方面都投入了大量资金，但仅仅过了五年，它们就被淘汰出局，取而代之的是苹果和谷歌的安卓系统。时至今日，机器人市场的偏好还不明朗。也就是说，对于私人无人机、穿戴式计算设备及其他技术，是时候考虑它们的“交通规则”了，在技术投入应用的早期阶段设立禁止和警示标志。

上述议题中的一部分属于“机器人伦理学”的范畴。[16]在人类应对计算-机械能动性的问题上，特别是如何避免人类受到伤害，源于艾萨克·阿西莫夫（Isaac Asimov）的一种思路持续沿用到现在。人类出于根深蒂固的习惯把问题归结到认知和动机上（“好像机器会思考似的”），但机器人既没有认知也没有动机。离我们更近的，据NGO组织的“阻止杀手机器人”运动称，有的军事机器人被编程为可以出于自保的目的率先开枪，这种机器人道德标准引起了全球关注。[17]此外，前沿的脑科学专家史蒂文·平克（Steven Pinker）明确表达了他对人类道德责任的态度："为什么要给机器人设定一条服从指令的指令——为什么原来的指令还不够？为什么命令机器人不得伤害人类——一开始就不要下达伤害人类的命令不是更好吗？"[18]另外，新兴的人工智能，由于其极具争议的自我界定和在机器人领域的广泛应用，进一步模糊了人与机器的界限。未来几年内将要做出的某些设计决策具有很高的风险性，它会引起涉及人类能动性、身份与信任的一系列后果。

机器人学最终为人工智能领域带来了另一层次的复杂性，那就是"大数据"，并最终带来了人性的意味。人类创造人造生命的漫长历史进入了一个新篇章，而且现在人们能够以大型网络的形式创造人造生命，它所表现出的行为与单个机器人会有显著的差异：弗兰肯斯坦（Frankenstein）研究出的机器人可以看作波士顿动力公司阿特拉斯机器人的"先驱"。但是对自我调节的传感器网络和自组织的无人机群组来说，很难说它们有一个明显的前身。技术创新领域的变化如此之快，让人们难以适应，这又将引发更多的问题。

这种转变目前还处于早期阶段，机器设计者们通常还是把实现人类智能作为一个主要目标。雷·库兹韦尔（Ray Kurzweil）的整个奇点概念就建立在此基础上："我们有能力理解我们的智能——破解我们自身的源代码，如果可以的话，对其进行优化和扩展。"[19]与此同时，性能超越人类的机器给"技术失控"这个主题开启了一个新的篇章，尽管技术史学家兰登·温纳（Langdon Winner）此前对"技术失控"已经做出过很好的分类。而曾长期在麻省理工学院担任该领域研究员的 Rethink Robotics 首席执行官罗德尼·布鲁克斯（Rodney

Brooks）认为，人工智能的实现是非常困难的。要让硅晶电路发展出有意识作恶的能力，至少也是一个世纪以后的事情。正如布鲁克斯在2014年11月指出的："如果足够幸运的话，我们在未来30年内将会拥有意识能力与一只蜥蜴相当的人工智能，使用这种人工智能的机器人将成为很有用的工具。但是它们很可能完全不会意识到我们人类的存在。担忧人工智能将会有意作恶纯粹是杞人忧天，完全是浪费时间。"[20]

人类现在所处的阶段，在某种程度上就相当于动力飞机发展史上介于达·芬奇和莱特兄弟之间的位置。飞机并不需要像鸟一样拍打翅膀，鸟类也做不到像飞机那样一次装载500个人飞越9 500英里①。对人类大脑实施反向模拟的项目目前更多地聚焦于化学领域而非电子领域，其适用性也有很大局限。除了好莱坞式的演绎和语言上的暗示，我们更需要在实验室工作中仿效莱特兄弟的精神。他们不仅发明了飞机，还极大地推动了航空学的进步（以及飞行方式的演进）。各种拟人化的比喻正在影响机器人学和人工智能领域的发展，一方面给我们以启发，另一方面也禁锢了我们的思维方式。22世纪的人工智能对人类大脑的模仿程度，可能不会超过飞机对鸟类的模仿，或者车轮对腿的模仿。当我们把问题从仿生学的范围里抽象出来，就标志着向前迈出了第一步：就像试验飞机的风洞一样，谁来为人工认知建造一个相应的试验环境？

不管计算机技术、科幻和影视发展到什么程度，我们都将在科技前沿开辟出新的领地。尽管我们对先行者的尊重是理所应当的，但同

① 1英里=1.609 344公里。——译者注

样重要的是，对于我们即将探索的这个领域，应该让后继者也参与到法律、习俗、经济和社会规范等议题中来。因为计算机技术日益紧密地联系和改变着我们所处的物理世界，现在应该探究一下我们用以描述机器人学的心理模式了。

第二章　一个观念的史前阶段

上千年来，人类一直尝试着重新创造生命，21 世纪早期许多机器人的发明也仍然在延续这个古老的传统。时至今日，关于人们长期以来尝试创造生命的故事仍然值得一提，特别是有些内容还存在着长期的争议，如玛丽·雪莱（Mary Shelley）的科幻小说《弗兰肯斯坦》（*Frankenstein*），它所产生的巨大影响不容忽视。

术　语

在回顾历史之前，我们先来了解一下术语：对于机器人这样一个广为人知的概念，对它的定义却极为困难。根据《美国传统词典（第 3 版）》的定义，机器人是“一种有时类似人类的机械装置，能够按照指令或预先编好的程序完成多种复杂的人类任务”。这个仿生学的定义导致了一系列的问题，特别是对自主性机器人而言。《牛津英语词典》给出了机器人在文学范畴内的另一个复杂义项：“主要用于科幻。指一种智能的人造物体，通常用金属制成，在某些方面类似人或其他动物。”

机器人科学家也还在努力给自己的专业领域下一个明确的定义。自主性机器人方面的专家乔治·贝基（George Bekey），根据机器人的特征给出了一个版本：可以感知，拥有人工认知能力，可以做出物理行为。“永远不要问机器人科学家什么是机器人，”卡耐基·梅隆大学的 I. R. 诺巴克什（Illah Reza Nourbakhsh）（另一位自主性机器人专家）告诉我们：“答案变化得太快了。每当研究人员刚刚讨论完最新的机器人定义，又有一种全新的交互技术诞生，把相关的研究继续向前推进。”[1]罗德尼·布鲁克斯还在麻省理工学院的时候，把机器人称作“人造生物”。[2]我们随机抽取的一本大学教材则写道：“美国机器人学院把机器人定义为被设计出用于移动材料、部件、工具或专用设备，通过各种编程动作来完成不同任务的可重复编程多功能操控器。这个定义并没有把人类排除在外。”[3]

麻省理工学院的辛西娅·布雷齐尔（Cynthia Breazeal）因为研发 Kismet 机器人而享有盛名，它是一种通过动作、面部表情和声音与人交互的特殊机器人。“什么是社交机器人？”她在一本书里面提出这个问题。“这是一个很难定义的概念。”在举了一些科幻作品的例子之后，她断定：“简单来说，社交机器人拥有像人一样的社交智能，与它交互就像和真人交互一样。社交机器人发展到极致就是它们可以把我们当作朋友，而我们也可以把它们当朋友。”[4]这是又一次前沿机器人科学家通过机器人做什么来定义机器人，而不是直接描述它是什么。

机器人对私人和公共生活都将产生深远的影响，当我们需要严肃地对这个话题展开讨论时，缺乏共识就成为一个严重的问题。从两个相对较新的定义中可以看出这种共识的缺乏。南加州大学的马娅·J.马塔里奇（Maja J. Mataric）在 2007 年出版了一本给中小学生介绍这一重要领域的课本——《机器人入门》（*The Robotics Primer*）。在该书几乎一开篇的位置，她就提出："机器人是存在于物理世界的自主性系统，它可以感知环境，并能作用于环境以实现某些目标。"接下来她还给她确信的定义加了下划线："真实的机器人……也许能够接受人类的输入和建议，但不会完全受人类的控制。"[5]

这个严格的定义把许多我们熟悉的机器排除出去了，如手术机器人、无人机和工业机器人。与之形成对比的是 2013 年一期关于技术性失业的电视节目《60 分钟》里面所使用的定义。主持人史蒂夫·克罗夫特（Steve Kroft）用这样一段话作为开场白："对于什么是机器人，机器人长什么样子，每个人都有不同的看法，但普遍的定义是，它是一种可以从事人类工作的机器。它们可以是移动的，也可以是固定式的，可以是硬件也可以是软件，它们正从科幻世界里向我们走来，进入主流社会。"[6]除了与机器人科学家给出的定义毫不相干之外，值得注意的是这个描述暗含了失控的机器起来反抗人类的主题。

在计算机科学的核心领域也有类似的与之相容的看法。文顿·瑟夫（Vinton Cerf）因为在奠定网络通信基础的 TCP/IP 协议方面的工作而声名卓著，他在 2012 年当选了计算机器协会的主席。瑟夫在 2013 年 1 月的一篇文章中提出一个假设："机器人的概念可以有效地扩展到包含一些计算机程序，这些程序可以接受输入并产生可感知的输出。"他以高频股票交易软件为例，从而论证"任何可以作用于现实世界（不一定是物理世界）的计算机程序都应当被视作机器人”。瑟夫在结论中表达了他对当代计算机与通信技术，包括严格定义的机器人学更大的担忧：“应当鼓励人们更深入地思考我们在计算机世界创造的产品，创造它们的工具，以及这些产品所表现出来的适应性、可靠性和可能带来的风险，我认为这将使我们的社会获益良多。”[7]

瑟夫的思路将机器人学的相关讨论从它的拟人性转移到工具性。瑟夫认为，机器人主要是指软件的功能，而不是储存软件的那个盒子。而且软件对原子世界的影响确实与日俱增，不管是以（拒绝服务）攻击的形式，还是针对物理设施的网络战（如 Stuxnet，一种计算机病毒，破坏了伊朗用于提炼核武器原料的离心机），又或者是可能潜伏在手机里的自主机器人。

对我们而言，最有用的机器人定义还是来自乔治·贝基。他在 2005 年曾写道：“机器人是可以感知、思考和行动的机器。因此，一个机器人必须具备传感器、可以模拟某些认知的计算能力，以及驱动器。”[8]机器人学就是研究、设计和制造这些设备的学科的总和：它的前端是计算机科学，也吸收了材料学、心理学、统计学、数学和物理及工程领域的各个学科。人工智能的研究对象则是在硅半导体上重建人类认知，既包括普遍意义上的认知，也包括是一个限定领域内受限制和经过优化的认知。

历史上的机器人

尽管机器人的定义仍未确定，但是基于文学作品和好莱坞电影的刻画，全世界数十亿人都可以用肉眼识别机器人，所以厘清这个术语的准确来源极其重要。上千年来，人们一直致力于制作生命体的自动化模型。布谷鸟自鸣钟、玩具和精巧的自动装置可以追溯到几百年前。其中一个是诞生于 1770 年的自动下棋机，里面藏了一个国际象棋高手，当时它曾战胜了本杰明·富兰克林（Benjamin Franklin）和拿破仑一世。亚马逊公司的一项服务就沿用了这台自动下棋机的名字——土耳其机器人，它的功能是在计算机不擅长的领域（如图像识别）寻求人类的协助。一项更好玩的发明来自法国这个不断开拓机器人学边界的国家。雅克·德·沃坎森（Jacques de Vaucanson）的童年时代是在启蒙运动中度过的，他曾尝试把机械世界的概念应用到生物界中。1735 年，他 26 岁的时候，发明了“一些能激起公众好奇心的机器”，具体来说是一只机器鸭。[9]

沃坎森的机器鸭既有惟妙惟肖的外观，又有一些常见的机械特征：它可以坐、立、行走、嘎嘎叫、喝水、吃玉米粒。让沃坎森出名并和笛卡尔、让-巴普蒂斯特·柯尔贝尔、帕斯卡一起当选法兰西科学院院士的是一个小机关：这只机器鸭的排泄功能。人们争相排队观看，有的人甚至不惜花上一个星期的工资来购买门票。沃坎森后来成为法国丝绸织造厂的厂长，1745 年他在那里发明了一个用于控制织造模板的穿孔卡片系统（这为 1801 年发明的提花机奠定了基础），它影响了早期计算机的历史，穿孔卡片也被用于控制早期计算机的操作序列。至于那只鸭子，40 年后人们才发现，它和那台下棋机器人一样不过是个骗局：机器鸭并没有真的消化食物，而是把它放在一个储存器内，通过另一个储存器进行排泄。

正如著名政策分析师P. W. 辛格（P. W. Singer）指出的，沃坎森的机器鸭为长期以来创造人造生命的努力提供了一个鲜活的案例。在犹太人的传说中，golem这个概念可以追溯到《圣经》时代，它指的是用无生命材料做成的拟人形象。几个世纪以来，“android”这个词按《牛津英语词典》的定义，用于描述“拟人的机械装置”。（这个词最早出现于1728年，就在那只臭名昭著的鸭子发明的前几年。）玛丽·雪莱在1818年出版了《弗兰肯斯坦》一书，通常认为它是历史上第一部科幻小说，她在书中描述了尝试在实验室创造生命的严重后果。1822年，查尔斯·巴比奇（Charles Babbage）制作了他的“差分机”——一台拥有超过25 000个零件的机械计算器。可见，人类在创造模拟生物的道路上已经摸索了很长的时间。那么，机器人这个概念是从什么时候出现的呢？

科幻作品中的机器人

卡若尔·卡派克（Karel Čapek）在1920年出版剧本《罗素姆的万能机器人》（*Rossum's Universal Robots*）的时候已经是捷克著名的知识分子了。和当时其他作家一样，他为第一次世界大战中标志性的机械和化学武器造成的杀戮感到震惊，战争的形态被彻底改变了。卡派克的剧本把机器人一词带到了英语世界，它指的是一个用生物材料制造的人造人。卡派克以此来抗议现代化所导致的去人性化：包括从众心理、缺乏斗志和对无聊工作的乐观态度。robot来源于捷克语中的“robota”，意思是强制劳动，比如像农奴的工作那样。它的斯拉夫语词根是“rab”，即“奴隶”的意思。因此严格来说，机器人（robot）这个词在剧本里面指的是既非金属也非机械的仿真人，有些仿真人在剧中还被误认为人类。

这部戏剧当时广泛上演，剧本译成了多种语言。也许是因为机器人概念的出现恰逢其时，至少在科幻领域，描写机器人的流行读物在接下来的几十年里数量激增。所以，给机器人下定义的困难可以追溯到 100 年前，当时有位文学家把机器人比作奴隶，借以抗议机器时代对人类生命价值的漠视。在整个 1920 年代，机器人的形象既反映了当时的机械发明，又融合了《弗兰肯斯坦》等早期小说中过于人性化的描述，表现了人类创造生命的狂妄。直到 1942 年，新出现的定义才给机器人这个概念赋予了更为正面的含义。

艾萨克·阿西莫夫，1920 年出生于俄罗斯。通过他的作品和其本人的巨大影响力，阿西莫夫几乎是独自一人开创了整个北美的机器人概念。作为一个极其高产的作家，阿西莫夫一生中总共出版了超过 500 本书籍。他在早期参与创建了科幻小说的现代流派，晚年出版了文学批评作品、非虚构科学论文、神话故事和小说集。阿西莫夫一生获得了三个化学学位，1939 年，在哥伦比亚大学取得第一个学位后，他和当时《惊奇科幻故事》（*Astounding Science Fiction*）杂志编辑约翰·W. 坎贝尔（John W. Campbell）一起创作了“机器人三定律”。这个定律不仅是阿西莫夫机器人科幻小说的指导原则，也指引了几代机器人科学家，当时的机器人学领域还缺乏正式的定义、监管的伦理准则和作为成熟学科的其他标志。在机器人学科发展的早期，科幻作品不仅鼓舞人心，也是唯一广泛可用的学科资源，阿西莫夫就站在机器人科幻的前沿。

阿西莫夫后来在1980年代的关于机器人学现状的一篇纪实性介绍中写道，他当时“对那些要么极其恶毒、要么极其高尚的机器人感到厌烦，所以开始自己写一些科幻小说，在这些小说里，机器人只不过是机器，和其他机器一样，在制造时也考虑了相应的保护机制。”[10]在1940年代，出于这一动机创作的九篇小说收入了《我，机器人》（*I*，*Robot*）一书。在其中的一篇小说里，阿西莫夫创造了机器人学（robotics）这一术语，所以他也是这个现代科学和工程学科的命名者。

阿西莫夫的机器人三定律在虚构的场景中运行良好，然而从它诞生至今近75年来，尽管人们多次尝试在硬件中对其进行编程，但它在实际应用中远不如它在幻想的前提下那么有效。定律如下：

1. 机器人不得伤害人类，或坐视人类受到伤害而袖手旁观。

2. 在不违反第一定律的前提下，机器人必须绝对服从人类给予的任何命令。

3. 在不违反第一定律和第二定律的前提下，机器人必须尽力保护自己。[11]

后来，阿西莫夫的小说里面涉及机器人与整个人类文明的互动，而不仅仅是机器人与人类个体之间的关系，因此他又增加了第四条定律，因为它在逻辑上的优先级高于前三条，所以又被称作“零定律”：

0. 机器人不得伤害人类整体，或者坐视人类整体受到伤害。

显而易见，把阿西莫夫定律编入硅晶电路是一件相当困难乃至根本不可能实现的任务，但是在机器人领域，阿西莫夫定律的影响力依然经久不衰。P. W. 辛格把去掉第一条的阿西莫夫定律引入无人机和其他军事技术中。辛格指出，大部分行业对毒品、枪支、汽车和其他涉及伦理问题的技术都采取了尽可能宽松的管制措施，那么战争领域里针对特定技术的伦理标准的缺失也就不足为奇了，但是这会带来很多棘手的问题。比如说，机器人能不能用来执行酷刑?[12]多年来担任麻省理工机器人学小组组长的布鲁克斯说得很直接："我们不知道如何制造足够聪明敏锐，懂得服从这些定律的机器人。"他还补充说，阿西莫夫很可能"没有意识到这些定律对机器人的认知能力提出了过高的要求"。[13]

最近在 2009 年，得克萨斯州农机大学的罗宾・墨菲（Robin Murphy）教授和俄亥俄州立大学的戴维・D. 伍兹（David D. Woods）教授共同发表了"负责任的机器人学三大定律"。定律条款旨在就机器人学的责任、意图和非预期的后果提出一些必要的问题，它不是针对科幻的，而是基于现实世界的工厂、老人院和实验室所提出的。下面是定律的原文，注意其中首要考虑的是人类的责任，而不是计算-机械的智慧：

1. 当人-机器人工作系统在安全性和伦理上未达到最高的法律和专业标准时，人类不得部署机器人。

2. 机器人必须以符合其身份的方式对人类做出响应。

3. 在不违反第一条和第二条定律的前提下，必须赋予机器人充分的自主性来保护它自身。[14]

简而言之，科幻作品中存在一个普遍的问题，就是相比人类的道德担当而言，它更多地强调机器人的道德角色。

灰色地带

在经过了半个多世纪计算机驱动的机器人的运转试验后，我们对于什么是或不是机器人仍然没有一个完整准确的理解。以自动导引车（AGV）为例，它能够按照地面色带的路径在仓库内行驶，也就是拥有感知和运动能力，但是它的认知能力非常弱，甚至完全没有。值得注意的是，最早的自动导引车也不叫“机器人”，直到今天，我们仍不清楚应该如何给它归类。

相比之下，工业机器人——通常固定在工位上，通过电子存储的程序完成重复性的任务，为了保护人员安全而限定在防护罩内工作——在美国的起源部分可以直接追溯到阿西莫夫。约瑟夫·恩格尔伯格（Joseph Engelberger）创制机器人的时候有着明确的动机，绝不仅仅是制造一种新机械工具那么简单。

> 我一次又一次地告诉人们：“不要称之为机器人。你可以称它为可编程操纵器，可以称它为生产终端或通用转换设备。”如果你使用机器人这个词，那它就必须是机器人。如果我制造的是机器人，该死，按阿西莫夫的说法，那就一点意思都没有了。所以我还是坚持我的意见。[15]

事实证明，感知—思考—行动的范式对工业机器人来说是有问题的：一些观察人士主张主机器人应该有行动能力，否则，Watson 电脑也可以算机器人。更近的一个例子来自硅谷。Nest 是一种学习型温控器，它由传感器驱动，连接 WiFi 网络，可以追踪家庭成员的行为并自动调节温度。Nest 的开发团队成员都拥有计算机科学或机器人学的高等学位，发明了一系列智能消费产品，他们中很多人曾经为苹果的 iPod 和谷歌搜索引擎工作过。Nest 可以感知动作、温度、湿度和光照；它可以思考，如果没有人类活动迹象，家里就没有人需要空调；它可以行动，根据正确的传感器输入，它会自动关闭暖气。

Nest 满足机器人的三个条件，那么它是机器人吗？（谷歌在收购开发 Nest 的初创企业的同时，也投资了其他的机器人项目，对某些人来说，这一事实暗示了 Nest 也是机器人。）

达·芬奇手术系统是 Intuitive Surgical 公司的产品。外科医生可以通过灵敏的操纵杆控制达·芬奇系统，操控病人体内的探针和手术器械。达·芬奇系统无疑包含了传感器，也可以作用于病人，但是它没有自主认知能力，我们还能称它为机器人吗？

阿西莫夫没有定义什么是机器人，但是提出了理想的机器人应当遵从的一套假想的道德体系。词典上的定义对我们也没有什么帮助。好莱坞所刻画的机器人形象我们在后面的章节还会进一步加以分析，但是就目前而言，我们的结论是：这些形象，包括 1960 年代的卡通角色 Rosie Jetson、斯坦利·库布里克（Stanley Kubrick）的 HAL 和乔治·卢卡斯（George Lucas）的 R2D2，都不能定义机器人是什么或不是什么。同样，典型的汽车工厂里面正在工作的数以百计的工业机器人，也无法给我们一个准确答案。不过，我们大多数人真正看到机器人时还是能够一眼认出来。

第三章　流行文化中的机器人

神　　话

人类发明人造生命的历史——以复制、强化或者超越人类特性为目的——可以追溯到几千年前的 golem，以及后来的布谷鸟自鸣钟、土耳其机器人和沃坎森的机器鸭。人类对创造生命锲而不舍的执念背后的动机是什么？人类可能一直渴望成为造物主，使自己的地位与上帝（或其他宗教里的造物主）齐平。宗教学教授罗伯特·格雷西（Robert Geraci）给出了另一种解释：亚当夏娃的故事在西方文化中根深蒂固。这个神话指出人类从伊甸园之后就一直处于堕落的状态之中。所以，对人造生命的追求可以看作超越这种不完美状态的尝试，并且它有可能会开启一个新的纪元。[1]

对人造生命的追求并非犹太教和基督教传统所独有的。受人尊敬的日本机器人设计师北野宏明用极其相似的语言说明了这种情况（他给机器人命名的来源非常关键），这意味着这种心理模式普遍存在于不同的文化之中："在名字的选择上，（人形机器人）PINO不仅代表了我们的愿望，还象征性地表达了人类的脆弱、成长的艰难及'人类'这个词语的真谛。"[2]

在人类通往更高存在的道路上，技术长期以来既被视作阻碍（对震颤派教徒和阿米什人而言），又被当成阶梯。有人以为随着计算技术及这些知识的去中心化，有助于实现一个更扁平化的、更平等的权力结构，格雷西认为这种想法不过是家用电脑时代的"数码乌托邦"。他还通过各种版本的描述追溯了"人工智能浩劫"这个概念，包括那些超人主义者，他们认为人造生命超越了人类的不完美（他们不愿意使用"堕落"这个词）状态。科幻和通俗科学作品掺杂在一起，放大了这个概念。机器人科学家/小说家汉斯·莫拉夫斯（Hans Moravec）描绘了"智能后代"（人工智能机器人）在达尔文式的生存竞争中打败人类的场景，[3]雷·库兹韦尔则在几本书中借助来自未来的角色解释他说的"奇点"概念。

深奥的宗教概念，包括得救、永生和彼世圆满的状态，和电池寿命、机器视觉、路径规划算法一样，都影响了我们对机器人的讨论。格雷西断言："机器人和人工智能领域重要的研究人员，他们对未来的思考已经完全被犹太和基督宗教中的灾变传统所笼罩。"这些宗教观念也已经出现在许多互不关联的领域——网络游戏、流行文化、各种计算机化的用户接口、扫地机器人、无人机战争、高频股票交易、自动化工厂，对机器人的研究为我们打开了一扇理解当代生活的大门。格雷西总结说："研究智能机器人就是研究我们的文化。"[4]卡耐基·梅隆大学的机器人学家I. R. 诺巴克什更进一步指出，除了文化上的影响之外:“机器人革命可以确认我们这个世界有别于机器人的最根本属性:我们的人性。”[5]

我们应当承认的另一个神话源自技术在美国文化中的独特地位,它可以追溯到美国历史的最早期。美国的历史在某些方面确实是独一无二的:比如它和欧洲大陆的关系,它幅员辽阔,它丰富的矿产以及它的政治主张。从来没有任何一个国家发生过如此大规模的多种外来移民取代原住民的事件。分隔“文明”世界和未知世界之间的界线不断向西移动,这条物理边界的作用成为美国文化的一个核心部分。甚至在加利福尼亚和西部内陆都被殖民后,待探索和殖民的分界线的概念依然很有影响。人们把阿波罗登月计划直接纳入了这一叙事框架,科幻作品更是深受其影响,最直接地体现在《星际迷航》系列电视剧的开场白中,在已播出的每一部中差不多都有这么一段:“太空,人类最后的拓荒之地。这是宇宙战舰企业号的征程,它的五年任务是——探索未知的新世界,寻找新的生命与新的文明,勇敢地驶向前人未至之境。”[6]

对北美边境及其原住民的征服,很大程度上是借由新技术的发明来完成的:在 19 世纪有步枪、铁路、带刺铁丝和电报,随后的 20 世纪则是灌溉系统、空调和州际高速公路。[7] 技术的进步开拓了新的物理边界,而新的领地一旦划定,技术本身就成了一种隐喻的边界(和物理边界起着同样的作用)。

在神话里面,前沿(frontier)这个词可以用来修饰科学、知识和发明,谷歌搜索“科学前沿”可以得到 3 100 万个条目。尽管包括日本、法国、德国、瑞典在内的很多国家都在开展机器人研究的项目，但只有在美国，对机器人的研究会关联到在过去创造了诸多神话的一些独特理念：征服、扩张主义，以及另外一个特性，我们找不到更好的词，姑且称之为“解决主义”（solutionism）。

“解决主义”这个新词语特指某种以美国为中心的观点，通常有点天真，即坚信大部分问题都能找到解决方案，一般是指技术问题。文化批评家莫洛佐夫（Evgeny Morozov）更为尖刻地指出，解决主义是“一种智力缺陷，它对问题的定义仅仅基于一个标准，即它们是否能够被我们很好地解决”。[8] 不管怎么解释这个词，在美国的道德观中似乎有种鼓励动手倒腾的精神，而不是采取更为“实际”的世界观，承认某些事情就是无法解决的。

有了这么两个深厚的历史背景，我们再来看看机器人在西方文化中的地位，这里我们主要讨论科幻文学、电影与电视。没有哪种新兴技术像机器人一样深深地植根于科幻作品中。从机器人这个词的诞生开始，机器人学就伴随着科幻小说和电影同步向前发展，并且小说和电影里的图像与传统很大程度上塑造了机器人学的历史。对于科幻小说这个相对新兴的流派和影视剧这种新兴的媒体来说，这种文化影响的渠道是前无古人的，而所产生的影响却是显著和潜移默化的。随着机器人学逐渐走进现实并且广为人知，为了定义机器人的属性、人类的需求及两者的交互方式，我们首先必须理解它的文化根源。

罗素姆的万能机器人

《罗素姆的万能机器人》首创了机器人（robot）一词，这部戏剧批判了机械化及其导致的人类的非人化。1921年该剧在布拉格首演，后来成为20世纪上演次数最多的戏剧之一。1962年的一份分析报告指出，《罗素姆的万能机器人》在“世界上几乎所有文明国家”都被翻译上演过。[9]它的作者卡若尔·卡派克曾经在接受一本杂志采访时说过下面一段话。

> 发明家老罗素姆先生（他的名字如果翻译成英语的话就是“智力”或者“大脑”），是上个世纪（这里指19世纪）科学唯物主义的一个典型代表。他创造人造人的渴望——以化学和生物的方式，而非机械方式——来源于他的一个愚蠢而固执的念头，即想要证明上帝是多余和荒谬的。小罗素姆则是一个现代科学家，他不受那些形而上学的困扰，科学实验对他来说是进行工业生产的必经之路。他不想要证明什么，而只关心生产。[10]

所以现在广泛使用的机器人（robot）这个词在过去是具有文化批判意味的，它既包含了对工业生产逻辑的批判，也批判了人类复制自身（以弗兰肯斯坦的方式）的欲望。

机器人既是人类的机械奴隶，又可能成为毁灭其创造者的叛徒，与《弗兰肯斯坦》相呼应，这两种身份之间的反差给后来西方世界中机器人的角色刻画设定了基调：它们是一群与命运抗争的奴隶，随时可能失去控制。20世纪所出现的多个机器人角色也都反映了这种身份的双重性，如终结者、HAL 9000、银翼杀手里的复制人。《罗素姆的万能机器人》中的Helena是一个极富同情心的角色，她希望机器人能够获得自由。机器人Radius清楚自己的身份，对于人类的愚蠢它感到很愤怒，剧中的 Radius 以砸毁塑像的方式发泄了它的不满。

Helena：可怜的 Radius……就不能控制一下你自己吗？现在他们要把你送进捣碎机了。你不说点什么吗？为什么会这样？你是知道的，Radius，你比其他机器人都要聪明。Gall 博士费了多大力气把你造得与众不同。你倒是说话呀！

Radius：送我去捣碎机。

Helena：我很难过，他们会杀了你的。你当初为什么不小心一点儿？

Radius：我不会为你干活的。把我放进捣碎机。

Helena：你为什么要恨我们？

Radius：你们不像机器人，你们笨手笨脚，机器人什么都能做。你们只会发号施令，而且你们废话连篇。

Helena：你真傻，Radius。是不是谁让你生气了，告诉我。

Radius：你就只会说说而已。

Helena：Gall 博士给你设计了比其他机器人更大的大脑，甚至比我们的还大，是世界上最大的了。你和其他机器人不一样，Radius。我说什么你都懂。

Radius：我不想要任何主人。我自己什么都会。

Helena：那就是我让你进图书馆的原因啊，在那里你可以博览群书，理解万物，[11]然后——噢，Radius，我想向全世界证明机器人和我们人类是一样的。那就是我想要你做的啊。

Radius：我不想要任何主人。我想成为其他机器人的主人。[12]

Helena 出于同情把 Radius 从轧钢厂救了出来，后来 Radius 领导机器人革命夺取了人类的权力。卡派克并没有细致描写人造人战胜人类造物主的场面。

Radius：人类的权力已经消亡。通过控制工厂我们已经成为万物的主宰。人类的时代已经过去了，一个新的时代到来……再也没有人类了。人类给予我们的生命太少。我们想要更多的生命。[13]

即使在 Radius 发动革命之前，剧中的人类也已经注定要失败：机械化超越了人类的基本特征，人们失去了生育能力。随着机器人的功能、活力和自我意识不断增长，人类反而更像它们的机器：在卡派克看来，人类和机器人本质上是一样的。如果以工业生产率作为衡量价值的标准，机器人已经超过人类了，一个机器人可以做“两个半人”的工作。这比较含蓄地批评了第一次世界大战前出现的效率增进运动，以及那种把人当作机器看待的时间动作研究（time-and-motion studies）。

尽管《罗素姆的万能机器人》比雪莱的《弗兰肯斯坦》差不多晚了整整 100 年，前者还是明显受到了后者的影响。在两部作品中，人类的自负都在创造人造人的尝试中表现得淋漓尽致。（想想即便在今天，布鲁克斯还把机器人叫作“我们的造物”。）两部作品中的人类都因为扮演造物主的渴望而付出了代价，在《弗兰肯斯坦》里面是人类弄错了配方，在《罗素姆的万能机器人》里面则是创造出了比人类更智能的生命。推动情节发展的都是创造者和造物之间破裂的关系，而冲突最后又都以流血事件收场。

现在很少有人知道《罗素姆的万能机器人》了，更多人接触的是阿西莫夫的机器人小说，在这些作品里面，机器人学是一门通过仿生学、完善的逻辑和经济优越性来模拟人类的独特技术。

电影里的机器人

机器人的身份具有双重性：它们既可能是人类的奴隶，也有可能反抗其身份束缚而成为人类的领主，这种二元对立在整个20世纪的西方文化中扮演了重要角色。在卡派克的戏首演仅仅6年后，德国导演弗里茨·朗（Fritz Lang）推出了电影《大都会》（*Metropolis*）。该片至今仍被看作电影史上最具影响力的作品之一，尤其是它对后来纳粹的意识形态产生了极大的影响。片中的很多主题都沿袭自《罗素姆的万能机器人》，包括混在人类中间真假难辨的机器人，准备挺身反抗的产业工人，人类和机器人之间的爱情。影片最后，机器玛丽亚被揭穿并处以火刑，被绑架的人类玛丽亚则逃了出来，平息了工人和老板之间的纷争。这部默片全长两个半小时，拍摄花费了310天时间，动用了36 000名临时演员。尽管篇幅超长，剧情也不够清晰，《大都会》仍不失为电影史上的里程碑式作品。对机器人玛丽亚虚伪反叛的形象刻画参照了卡派克所开创的原型。

另一个经典银幕形象来自1939年上映的《绿野仙踪》（*The Wizard of Oz*），这也是史上最受欢迎的电影之一。片中的铁皮人原来是一个伐木工，他接连砍伤了自己的四肢，不得不装配上机械假肢，但是锡匠在给他装上躯干的时候，忘了给他装一颗心。铁皮人不会使人产生弗兰肯斯坦式的联想，部分是因为他是从人一步一步逐渐变成机器人的；另一个原因是电影（及原著）表现的重点不是他的力量或智慧，而是他对情感的追求。电影上映后的数十年间，铁皮人这个角色成了一个偶像，不断出现在其他小说、流行歌曲和商业广告中。

同样是在 1939 年，西屋电气在纽约世博会上展示了一个高达 2.13 米的铝壳机器人——Elektro。这个机器人可以抽烟、数手指头、通过内置的 78 转留声机说话。一年后，它还有了一条会坐会蹲会叫的机器狗“Sparko”。不久前，Elektro 被重新装配并陈列在俄亥俄州曼斯菲尔德的纪念博物馆，那里曾经是西屋电气的曼斯菲尔德工厂。

《大都会》上映后大概 10 年，科幻作为一个流派越来越受欢迎，而机器人也日益成为科幻作品里面情节与主题的关键元素。1940 年代的科幻三巨头——阿瑟·C. 克拉克（Arthur C. Clarke）、罗伯特·海因莱因（Robert Heinlein）和艾萨克·阿西莫夫——让科幻小说成为一个最为畅销的流派，但真正提升机器人地位，让机器人学成为与机械学、动力学并驾齐驱的学科的还是阿西莫夫的小说。阿西莫夫从 1939 年开始创作的系列短篇作品，集结收录在《我，机器人》一书中，他在书中创造出了一种“正电子大脑”，即一台高效运算的计算机，它可以使人造生命表达出人类能识别的意识。

与弗兰肯斯坦那种阴谋杀死其创造者的机器人（阿西莫夫称之为“威胁人类的机器人”）[14] 不同，阿西莫夫小说中对机器人道德准则的表现，并不仅仅依靠平铺直叙的描写，而是将它们置于考验其道德的剧情冲突之中。阿西莫夫已经意识到机器人小说不一定要写得惊悚或煽情，他在 1942 年发表的一篇文章《转圈圈》（“Runaround”）中提出了机器人三定律。后来他在 1982 年写道：“我当时已经把机器人看作务实的工程师制造的工业产品。因为它们使用了特定的安全部件，所以不会产生危险，制造它们是为了完成特定的任务，所以也并不需要有什么感情因素。"[15]例如，在阿西莫夫的小说里，人类观察员借助"机器人心理学"来理解机器人的决策行为。还有一些复杂的主题在小说里也时有表现，比如对工作价值的探讨、人类与机器人之间的相互吸引、人类生命与机器人生命的相对价值，等等。

机器人科幻的一个主要流派就是描写以机械或生物机械形态存在的外星人。在这里，不同机器人流派之间的区别开始变得明显起来。如果从文化而非技术的角度来看，机器人往往是具有拟人化倾向的机械实体。19 世纪的词语"仿真机器人"（android）指的是具有人类外表的非人类生命体。（严格来说，卡派克在《罗素姆的万能机器人》里面描写的机器人其实应该算 android，而不是 robots。）大约出现于 1960 年代的赛博格（cyborg）则是一个更为晚近的概念。麻省理工学院教授诺伯特·威纳（Norbert Wiener）使用术语"控制论"（cybernetics）来表示"关于在动物与机器中控制和通讯的科学"。[16]因此，赛博格指的是结合了机器与生物体的控制系统。尽管"有机体控制论"这个术语可以广泛应用到大型系统中，但是我们主要用赛博格来指代那些部分经过计算机和机器人性能强化的半人类角色。

流行文化中，从外太空降临的机器人涵盖了各种类型。电影《地球停转之日》（*The Day the Earth Stood Still*，1951）里面，外星人 Klaatu 带来了宣扬世界和平的信息（暗指支持成立联合国），和他一起来的还有机器人 Gort，它乘坐的飞船是弗兰克·劳埃德·赖特（Frank Lloyd Wright）参与设计的。机器人 Robby 首次出现在 1956 年的电影《禁忌星球》（*Forbidden Planet*）中。在此之后，Robby 还现身多部电影和电视剧中。有意思的是，人类是航行到外太空之后遇上的 Robby，而不是 Robby 直接从外太空来到地球。1960 年后，人类的太空探险成了一个常见的主题，多部标志性的电影都采用了这种情节设定。

在有关机器人的电影和小说里面，太空旅行是对古老传说进行改编的一种便捷方式。很多电影明显借鉴了《荷马史诗》里的经典故事（其中当然包括《2001 太空漫游》，2001：*A Space Odyssey*，1968）。1812 年的小说《来自瑞士的罗宾逊一家》（*Swiss Family Robinson*，他们从欧洲到澳大利亚的航行途中，在东印度群岛遭遇了沉船）借鉴了名著《鲁宾逊漂流记》，而这部小说在 1960 年代也被改编成了电视剧。父与子（《星球大战》）、长大成人、隐藏的身份，当然还有弗兰肯斯坦式的怪兽威胁，这些主题在机器人题材里一再出现，推动剧情转折的总是机器人角色中非人性的一面。

1963 年，BBC 播出了《神秘博士》（*Doctor Who*）电视连续剧，其中一个重要的角色就是机器人 Dalek。这些外星人实际上是突变成杀人狂魔的外星赛博格，它们除了仇恨之外没有任何情感，最常说的口头禅就是："消灭他！"像其他虚构的赛博格一样，Dalek 很快成了英国流行文化的试金石，并出现在 BBC 制作的 50 周年庆典上。同时，《神秘博士》系列剧在很多地区依然大受欢迎，包括在美国一些青少年群体中。

在阿西莫夫之后，流行文化中对机器人的刻画开始产生变化。相比早期以 Gort 或 Robby 为代表的由机械部件组装而成的机器人，新的机器人可以表达复杂的情绪，与人类角色进行深入交流，克服其自身的局限。尽管以前机器人所扮演的明显反派恶人和忠诚仆人这类角色还会继续存在，但是过去几部机器人主题的电影在商业上大获成功，标志着大众文化对这种新技术（或者说新生命形式）的可能性的认知度正在提升。

尽管外星人类型的电影一直延续到1970年以后，但越来越多的赛博格被设定成地球上的角色。比如在《机器战警》(*Robocop*，1987）中，一名被谋杀的底特律警察借助额外的电子机械部件重获新生，并拥有了超人的能力。和同类型的其他故事一样，金刚不坏之身的机器人角色陷入与人类法则和腐败网络的对抗之中，也遭受到无赖的威胁。《机器战警》的剧情并不完全是原创，很大程度上沿袭了导演詹姆斯·卡梅隆（James Cameron）里程碑式的机器人电影《终结者》(*The Terminator*，1984)。花费650万美元制作的《终结者》最终取得了7 800万美元的总收入（相当于2015年的2.25亿美元)。阿诺·施瓦辛格在片中饰演的角色是一个由仿生内骨骼支撑的具有人类外表的冷酷赛博格。该片中，人类的命运取决于一个尚未出生的婴儿（片中的名字是John Connor，他的姓名首字母明显有耶稣·基督的暗示)，他将带领人类反抗机器人的统治，施瓦辛格扮演的角色被邪恶的天网派遣，从未来穿越到过去，去追杀这个婴儿。

在电影《银翼杀手》(1982）中，导演雷德利·斯科特（Ridley Scott）根据菲利普·K. 迪克（Phillip K. Dick）的小说《仿生人会梦见电子羊吗》(*Do Androids Dream of Electric Sheep*?)，用另一种太空旅行的方式构建了未来的反乌托邦式图景。[17] 邪恶的企业在地球上制造赛博格，然后再送到太空殖民地去工作。它们中有一些违反法律偷偷溜回地球，所以必须将这些违法之徒一一猎杀。这些被称为“复制人”的仿生机器人代表了另一个版本的机器人，它们能从事无聊、危险、肮脏的工作，同时它们也渴望超越自己的身份，挑战人类的权威。片中达丽尔·汉纳（Daryl Hannah）饰演的角色延续了《大都会》中玛丽亚的经典形象：善于利用男人弱点，魅力十足的女性仿真机器人。

有一部电影曾被多次票选和调查评为史上最伟大的太空电影，描绘了一个没有实体形态的机器人。那就是科幻小说三巨头之一的克拉克与斯坦利·库布里克（Stanley Kubrick）合作拍摄的《2001 太空漫游》，它从另一个角度刻画了机器人形象。片中的机器人 HAL 是控制飞船飞往木星的一台电脑，它并没有人类的外观，只是可以发出人声，它可以表达感情，也可以感知周围环境（包括读懂宇航员议论它的行为时使用的唇语），它还可以操控飞船上的各个系统和设备。在片中的关键情节里，HAL 已经杀死了其他所有宇航员，但它没能阻止仅存的那个人类宇航员切断它的电源，而随着计算能力的消失，它的情绪也回归了正常。在克拉克和库布里克的电影里，机器人有感情，非常智能，同时很强大（尽管不是万能的），但最终人们发现它不值得信任。

《2001 太空漫游》当时在商业上大获成功，并在随后将近半个世纪的时间成为一座文化里程碑。这部电影最显著的特征可能就是它丰富的内涵，观众出于自身对人工智能的恐惧、期望和联想，重新建构了 HAL 机器人的形象。实际上电影中的 HAL 是没有实体外观的，观众只能通过道格拉斯·雷恩（Douglas Rain）精彩的配音来感知它，这也使得电影的影响力长盛不衰。《2001太空漫游》之后所有重要的机器人电影都自觉地致敬这部作品，也包括很多不那么重要的片子。

与《2001太空漫游》的HAL机器人截然相反的是许许多多既没有多少危险性也没有超常智能的机器人角色。包括动画片《杰森一家》（*The Jetsons*，1962～1963年在黄金时段播放，随后在其他时段一直播出到1987年）里面的机器人保姆萝西，2008年迪士尼/皮克斯制作的电影《机器人总动员》中的主人公瓦力，制作人和导演经常借助机器人角色给动画片注入一些不和谐元素，或者是借以处理一些更严肃的主题。机器人的声音和手势可以讽刺人类的一些特征，但是许多机器人所渴望获得的人性却被描绘成一种更高级的状态。同时，电影里的机器人通常被刻画成一个从事低技术含量工作的角色（至少部分如此），使人类可以免于繁重的劳作。

美国电视连续剧《迷失太空》（*Lost in Space*，1965～1968）里忠实可靠的“环境控制”机器人B9早已家喻户晓，它的经典形象就是在“太空家族”鲁宾逊（Robinson）的儿子威尔（Will）遭遇险境时给他发出警告。直到今天，人们还时常使用它的台词：“危险，威尔·鲁宾逊！”但到目前为止，作为忠实仆人的典范还是《星球大战》系列中的R2D2和C-3PO搭档，它们就是机器人界的劳莱与哈代。事实上，乔治·卢卡斯塑造的这两个银幕形象太过于经典，很多电影在表现机器人角色时都不得不参考这一对招人喜欢的金属搭档。

R2D2是这对搭档中个子较矮的那个，它的魅力部分要归功于人类演员肯尼·巴克（Kenny Baker），影片拍摄时他负责躲在机器人体内控制它的动作。R2D2只会使用机器语言，需要搭档C-3PO帮忙翻译，这给电影增添了很多笑料，特别是他捉弄 C-3PO 的桥段。也许是因为影片设定在一个未来太空时代的情境里，它们俩看起来根本不会背叛人类，片中的人类面对它们也丝毫没有傲慢的感觉，这恐怕也是因为它俩非同寻常的身世。

而 C-3PO 这个角色的成功主要得益于英国演员安东尼·丹尼尔斯（Anthony Daniels）给它配的惟妙惟肖的男管家式口音。这部电影里机器人角色超出人类的特点主要体现在智力方面而不是机械方面：尽管精通“600 万种交流方式”，C-3PO 在对叛军的战斗中实际上是个胆小鬼。它的外形很大程度上模仿了《大都会》里面玛丽亚的金属外壳，两个机器人之间的互动关系则类似于其他电影里的怪异组合或搭档关系。

文化信号

总体而言，我们是如何看待西方流行文化中的机器人的呢？

1. 很多导演推动了机器人文化的呈现，包括电影行业里的一些领军人物：伍迪·艾伦（《傻瓜大闹科学城》）、詹姆斯·卡梅隆（《终结者》）、克里斯·哥伦布（《机器管家》）、斯坦利·库布里克、乔治·卢卡斯、雷德利·斯科特和史蒂文·斯皮尔伯格（《人工智能》）。他们制作的电影总共获得了几百亿美元的票房。他们都不约而同地起用了机器人作为影片的主角，可见这些技术/原型有着强大的文化吸引力。

2. 电影和文学作品里的机器人角色与真实的机器人相去甚远，不管是硬件机器人（波士顿动力公司的阿特拉斯）还是软件机器人

（华尔街高频交易系统），它们都无法感知痛苦，或理解什么是痛苦。机器人也不能区分人和其他哺乳动物，甚至也分辨不出人与其他生物。机器人没有欲望。即便是自主能力再强的机器人，也必须事事依靠人类，比如电池供电或软件升级。机器人也不能做选择，除非预先定义了选项。它们也不能“有意识地”反抗它们的创造者，因为它们并没有认知层面上的自我意识。

3. 科幻小说和电影里面很少去表现机器人在现实中的局限性，比如它们难以完成的一些任务：打开门把手，通过崎岖地带，运用简单逻辑（相当于儿童水平）的能力。因此，人们对机器人领域所取得的一些非凡成就（如机器人叠衬衣或开啤酒）不以为奇。很多观察人士一而再再而三地强调阿西莫夫的机器人三定律，但其实它们与真正的机器人科学并没有多大关系。认知科学家史蒂文·平克直率地表达了他的观点：“当哈姆雷特感叹‘人是一件多么了不起的杰作！多么高贵的理性！多么伟大的力量！多么优美的仪表！多么文雅的举动’的时候，让我们惊叹的实际上不是莎士比亚、莫扎特、爱因斯坦或贾巴尔，而是一些普遍的人类心智行为，比如一个能按照要求把玩具放在架子上的 4 岁小孩。”[18] 人工智能要模拟人类的这些行为，还有很长的路要走。

4. 观众并不在乎机器人、仿真人和赛博格之间的区别。反正在这些剧情里面，外星人的出现也是同样合乎情理的。

5. 对于那些面对新技术处理实际问题的人来说，大众文化中经常出现的机器人形象并没有什么用处。因为人们对机器人的认知在很大程度上局限于那么几个固定的类型：威胁人类的机器人、引人同情的机器人、有自我意识的机器人或仆人/管家式机器人，而其他一些重要的类型，却迟迟没有得到充分的讨论，比如人工假体。

归纳起来，卡派克所构想的机器人（robot），作为一个捷克语词汇，它影射了人类沦为科技奴隶的危险，正如《弗兰肯斯坦》里面描述的，人造生命有可能背叛创造它们的人类。此后过了大约 20 年，阿西莫夫在他的作品里塑造出极具人性又知识渊博的机器人，以至于要用"机器人心理学"来揣摩它们的行为和动机。最后，各种形式的人工智能概念经常与超人逻辑混为一谈，即人工智能最终将在思维和理解能力上战胜人类。虽然 HAL 9000 和 IBM 的 Watson 有着各种各样的差异，但两者在文化上引起了类似的恐慌：人们害怕在它们超人的能力面前，人类的能力和设计将变得无足轻重。在与机器人相关的每一个领域，它们的文化形象都使我们忽略了现实中的具体问题：除了斯蒂芬·霍金外，谁应该使用机器人增强技术？工会是否应该投资取代人类工人的机器人？谁可以启动和取消某一类机器人的安全保护装置？诸如此类。

另类的日本传统

请注意前面所提到的所有文化资源都明显来自西方。正如学者兰登·温纳所指出的，从《弗兰肯斯坦》到《星球大战》和《终结者》，"技术失控"这个主题反复出现：人造生命常常成为阿西莫夫说的那种"威胁人类的机器人"。但是，如果要评价机器人科学的现状，我们就不能忽略日本。

起源于19世纪晚期的manga是一种独特的日本漫画形式，它的前身可以追溯到13世纪的卷轴画。“二战”后，受战败及美国占领带来的外国文化影响，日本开始重塑它的神话，manga成为传播英雄主义、崇高美德和英勇精神的载体。艺术家手冢治虫创造的一个漫画角色正好表现了日本人的想象。这个角色在日本叫“原子小金刚”（Mighty Atom），西方观众更熟悉他的另一个名字“阿童木”（Astro Boy）。当时的一名顾问认为，在广岛和长崎原子弹爆炸后，使用“原子”这个词在美国观众那里可能会引起麻烦。如今阿童木作为纯正的日本公民，已经成为日本文化中的精髓。手冢也被称为“漫画之神”，按其传记作者的说法，他就相当于日本的沃尔特·迪士尼，但他身上还兼有阿瑟·C. 克拉克、斯坦·李（Stan Lee）、蒂姆·伯顿（Tim Burton）和卡尔·萨根（Carl Sagan）的影子。[19]

手冢是一个非常有魅力的人。他出生于1928年，青少年时代绘制昆虫图录的经历锤炼了他的艺术天赋。后来他就读于医学院（当时他实验笔记本上的绘图就很精美），但是毕业后却没有从医。他创造的以阿童木为代表的许多角色，仿照好莱坞电影工作室的模式编列成了一个“明星系列”，这些明星还衍生出了大量的后续作品。手冢随后组建了自己的制作团队，最终在日本创作了第一部电视动漫。

通过不同的角色和作品（包括他最寄予厚望的故事“凤凰”），他把日本漫画发展成了一个价值数十亿美元的产业，并传播到了世界各地。手冢的作品技艺精湛、极富创意且引人入胜，甚至斯坦利·库布里克都想邀请他来担任《2001太空漫游》的艺术总监，但是手冢不能保证在制作期间让他的团队到英国去工作一年。手冢1989年死于胃癌，直到生命的最后一天他都没有停止画画。

阿童木在 1951 年首次登场时是作为一个配角出现的，但到 1952 年他就成了漫画的主角。从此，阿童木的漫画开始定期连载，直到 20 世纪 70 年代，并在其后的一些年份里还不定期地在报刊上出现，此时的阿童木已经是一名全国性的偶像。手冢在漫画中虚构的阿童木诞生日期 2003 年 4 月 7 日成为全国性的纪念日。4 年前，丰田公司还使用阿童木这个角色在日本发布了普瑞斯混合动力车。经过各种渠道的重复传播，阿童木已经成为日本文化中人们所熟知的机器人形象。

阿童木的诞生源于一次灾难。科学部部长天马博士的儿子死于一场飞车与大卡车相撞的车祸，他召集专家按照儿子的形象制造了一个机器人。当发现这个机器人既无法长大，也不能学会欣赏美景，天马博士把他送进了马戏团。天马博士的继任者茶水教授找到这个机器人，并发现他可以感受人类的情绪，就把他当作养子抚养。茶水教授鼓励阿童木用他的能力去做好事，主要是打击犯罪，甚至在其中某一集里面，美国飞机计划轰炸一个越南村庄的时候，他代表村庄出面进行了调停。机器人需要人类的陪伴与认可，这是整个阿童木故事的基础：日本漫画中经常会涉及机器人的权利。

阿童木拥有许多超能力，但并不是终结者那种类型的：他身高 4 英尺 6 英寸（1.37 米），体重 67 磅（约 30 公斤），搭载了 10 000 匹马力（相当于 75 000 千瓦）的核动力引擎，双手双脚内部还有可伸缩的喷射器。阿童木在剧集里表现出的能力还有：

- 喷气动力飞行。
- 多语言能力（掌握 60 种语言）。

- 分析能力。
- 探照灯式的眼睛。
- 超灵敏的听觉。
- 背部隐藏式武器。
- 分辨善恶的能力。[20]

阿童木小巧的身体和上述这些特征结合在一起，为故事情节提供了无限的可能性。在处理复杂局面的时候他还会出汗，他的养父对他进行改造后，他甚至还可以流眼泪。他的能量并不是无限的，因为燃料有可能会耗尽。他可以吃人类的食物，但这些食物只会留在装满机器的胸腔里，必须进行清理。他的敌人包括人类坏蛋、仇恨机器人的人、恶棍机器人和外星入侵者。剧中也经常出现时间旅行的情节。

就像阿西莫夫在大约 10 年前所做的一样，手冢设定了一套机器人定律来规范阿童木的行为：

- 机器人必须为人类服务。
- 机器人不可伤人或杀害人类。
- 机器人应当称其创造者为“父亲”。
- 机器人可以制造任何东西，金钱除外。
- 未经许可，机器人不得出境。
- 男性机器人和女性机器人都不能改变角色。
- 机器人不得改变外貌或未经许可冒用其他身份。
- 成人机器人不得表现出儿童行为。
- 机器人不得假冒被人类报废的其他机器人。

- 机器人不得破坏人类的住所和工具。[21]

这些定律里面有一些值得我们注意的地方。第一条定律和第二条定律与阿西莫夫定律相似，但是它没有类似阿西莫夫第三定律的规则，即机器人应当保护其自身不受伤害。这里还三次提到明确禁止机器人的欺骗行为。

阿童木既是长不大的孩子，又拥有超人的力量；既是道德楷模，也渴望得到人类的爱。这些特质所形成的张力丰富了角色的荧幕形象。这也在很大程度上塑造并反映了日本人对机器人的态度。比如，索尼的 Aibo 机器狗就体现了与阿童木一致的审美取向：多数日本机器人的外观都设计成了招人喜欢的样子（Paro 机器海豹只是其中之一），这种设计既不是冷冰冰的实用主义，也不会让人联想到潜在的机器暴动分子。

钢铁巨人是诞生于 1956 年的当代日本漫画中的机器人，如果拿它和阿童木对比，两者的差别十分明显。钢铁巨人身高 20 米（66 英尺），体重 25 吨，它是在战时作为秘密武器研制的，随后就转为和平时期使用了。与阿童木不一样的是，钢铁巨人不能自主行动，而是通常由一个聪明的男孩使用遥控器来操纵，一旦坏人偷走了遥控器，同样也可以操纵它去干坏事。尽管掌控钢铁巨人的男孩像阿童木一样惩恶扬善，但钢铁巨人本身是没有道德判断的，这有助于界定日本文化中一个更大的矛盾：像阿西莫夫定律中所表述的一样，人们希望机器人帮助人类而非伤害人类，甚至体现出比人类自身更高的道德标准。由于钢铁巨人的风头有时甚至盖过了阿童木，它的存在对于阿西莫夫所谓的“机器圣人”学派是一个强有力的反击。

机器人与神话

机器人虽然只是技术工具，但很少有其他工具像机器人一样有如此丰富的神话传说。更重要的是，自主机器人发展史上里程碑式的成就，多数都曾经在那些神话中得到了预示。这些神话历史悠久，早的可以追溯到《圣经》时代，同时又是超现实的，在故事构建中融入了最新的科技元素。“机器人性”中间有一部分是北美所独有的，其他方面则与文化背景无关。

机器人在其他方面也是自相矛盾的。人类把它们当作奴隶、仆人，又害怕它们哪天翻身做了人类的主人。人们把机器人看作自己无法企及的完美化身，可是它们至今无法执行一些基本的人类动作。它们可能从根本上改变人们的休闲生活，同时又对人类未来的生计构成了威胁。

现在，我们已经充分阐述了东西方语境中机器人与其他技术的显著差异，比如，无线电、空调、汽车乃至智能手机就从没有被描述成渴望超越人类的创造物。当我们讨论机器人是什么、能做什么以及如何理解机器人时，拟人化所起到作用标志着西方国家技术史上一个新的开端。如果抛开这些不谈，机器人学目前实际上是一个什么状态呢？

第四章　机器人学的现在进行时

机器人装置正在潜移默化地渗透到现代生活之中。在各行各业中，不同形式的机器人技术可以提高工作的精确性，代替人类从事危险繁重的劳作。机器人既不知疲倦也不受人类感官的局限，从而扩展了人类的存在。另外，机器人也会使工作和人际关系非人化，增强经济干扰，引起其他负面的反应。机器人活动的广度、背景的多样性和发展的速度，都大大改变了人们使用计算机技术的方式。

人工智能

如果用“感知—思考—行动”模式来定义一个机器人，“思考”这个部分值得我们特别关注。从最根本的层面来说，人工智能代表了用非人类的元素或装置来重建某种程度上的人类推理能力的尝试。尽管这一想法古已有之，但当前研究的真正开端始于1956年在达特茅斯学院举办的一场早期计算机科学家会议，会上正式提出了用电子技术模拟人脑的尝试。约翰·麦卡锡（John McCarthy，后来出任斯坦福人工智能实验室主任）在这一年提出了人工智能（AI）这个术语，第二年马文·明斯基（Marvin Minsky）创建了麻省理工的人工智能实验室。

在20世纪60年代和20世纪70年代从事机器人学的研究可谓困难重重。计算机体型庞大且速度很慢（个人电脑当时还没有发明），同样龟速的是无线网络，在当时还是专有技术，视觉系统又慢又贵，而且解析度很低。当时开展的大量研究旨在为机器人建立一套环境综合感知地图，使机器人可以在与外界互动前先“认知”环境，但是受计算机处理性能的限制，取得的成果非常有限。

在人工智能计算领域同时进行的还有一项研究。始于1984年的Cyc项目旨在为全世界建立一个完整的知识图谱。举例来说，如果告诉计算机“雨是水的一种形式”和“水落在皮肤上会湿”，那么当我说“我刚才淋了雨”的时候，计算机就可能推导出我身上是湿的。在Cyc启动之初，项目的首席科学家曾宣称开发规则引擎需要350人一年的工作量，但是30年过去了，开发工作仍然没有完成。

人工智能领域曾经一度得到大量资金支持，但后来人们热情消散，投资随之剧减。20世纪90年代，一些圈子里经常流传着关于“80年代人工智能”热潮的笑话。随着经费的削减，人工智能领域的难民们纷纷逃亡，有的转去做搜索引擎，有的转投基因和生物医学领域。然而在谷歌崛起和深蓝电脑1997年战胜国际象棋世界冠军卡斯帕罗夫之后，人工智能又东山再起，重新获得政府和投资人的资金支持。自然语言处理（NPL）是目前人们高度关注的一个领域，通过苹果公司的Siri语音助理、谷歌和其他搜索引擎的搜索框自动联想功能以及 IBM 的华生电脑，自然语言处理技术已经大为普及。它要处理的不仅仅是语音识别，还要消除同音词的歧义（如“bass”表示的是鲈鱼还是乐器贝斯），理解上下文（“右边远处那栋建筑是什么”），解读笑话、谐音词和其他“不符合逻辑”的表达。

人工智能对机器人学的重要性不言而喻：人机交互、物理运动、防撞机制和图像识别所依赖的工具都在一定程度上需要模拟或替代人类的认知。

工业机器人

当计算机科学家忙着制造像人脑一样的机器时，企业家则正试图复制人的肌肉和骨骼，他们的创业活动不在大学实验室，而是在自家车库和机械车间里。这方面美国的两个代表人物是乔治·迪沃尔（George Devol）和他的搭档恩格尔伯格。迪沃尔于 1954 年申请了最早的一批机器人相关专利（早于达特茅斯的人工智能会议），并于 1961 年获得批准。迪沃尔和恩格尔伯格在 20 世纪 50 年代中期创立了 Unimation 公司并生产了第一台工业机器人，名为 Unimate 的通用机械手。它可以在工厂里把半成品传送到几米远的位置。随后川崎重工从 Unimation 取得转让的专利许可，日本也开始加入这个市场。

20 世纪 60 年代的机器人技术转化得非常缓慢，来自国外的汽车制造业竞争还不激烈，大型制造商谨慎地和竞争对手们保持着同步。1964 年一整年，Unimation 公司只售出了 30 台机器人，公司的现金流非常紧张，但是从 1967 年到 1972 年，公司的累积销售额从 200 万美元飙升到 1 400 万美元。

20 世纪 60 年代中期，维克托·沙因曼（Victor Scheinman）作为一名研究生为斯坦福和麻省理工的人工智能实验室设计了机械手，随后他从 Unimation 拿到一笔奖学金来实现机械手的商业化。与之合作的通用汽车明确要求新开发的机器人活动空间不超过人类在同等条件下所占用的空间。随后在 70 年代中期，Unimation 的 PUMA（可编程的通用装配机器）机器人正式面世，同时全球性的工业机器人市场也开始起飞。瑞典的 ASEA Brown Boveri 公司（ABB）、美国通用电气和德国的 KUKA 都在这方面投入了大量的精力。通用汽车和日本的 FANUC 还成立了一家合资企业；西屋电气 1984 年以 10 700 万美元收购了 Unimation，4 年后又转售给了法国公司 Staubli。

工业机器人实际上是一种执行序列动作的可编程机器，通常在装配流水线上使用。根据国际机器人联盟的数据，全球范围内有超过 100 万台工业机器人，在 2014 年产生的工业收入总计约有 95 亿美元。[1]继汽车工厂之后，在过去十年间电子工厂使用机器人的数量也出现迅猛增长。总部在中国台湾的富士康公司是装配苹果系列及类似产品的代工厂，它曾经宣布公司将在 2012 年后部署 100 万台机器人，这还仅仅是它一家公司的数量。[2]尽管中国的人工工资水平相对较低，但未来的趋势终归是机器人取代人工，因为机器人可以 24 小时不间断工作，永远不会睡过头或消极怠工，它们也不需要休息时间，不需要供暖和制冷的车间（有时甚至连照明都不需要），不需要购买医疗保险，它们只不过是一个生产工具。（我们会在第 7 章从经济角度来讨论机器人工厂的问题。）

最近，亚马逊公司把注意力转向了可以在分发中心传输货物的工业机器人，而不是工厂装配线上的那种。与那些用手臂和抓取器举起和搬运单个物件的机器人不同，这些供应链机器人的任务是对装满货物的货架进行定位，并在库区和取货/打包站之间来回传送货架，工人只负责货物的上架。机器人把货架传送给工人，工人取走相应的物品并启动配送流程。从事这种工作的机器人完全不具备人的外形，它们紧贴地面，看起来像是那种沿地面轨迹运行的工业吸尘器。

供应链机器人是从一种历史悠久的材料处理设施发展而来的，它也被称为“自动导引车”（AGV）。此类车辆或载具（要么是平板式的或者封闭式的，要么就是拖挂式的）可以使用一些简单的导航方式，比如沿着地面的磁条行驶，更复杂一点的可以使用激光、雷达收发器、陀螺仪和其他工具在固定的场地内部导航（比如在仓库或医院）。最早的自动导引车系统诞生于 1953 年，直到今天还在广泛使用中。

制造机器人过程中面临的挑战

普通的感知—思考—行动模式尚不足以体现机器人学的复杂性和难度。

结构

在给机器人选择和装配传感器、处理器和驱动器之前，它首先要有一个基础的底盘或类似的承载结构。这方面的挑战不容忽视。就拿无人机来说，它必须具备长距离飞行能力，并且要为高清摄像机、雷达、其他传感器和武器提供一个稳定的搭载平台。在这些应用场景里面，材料科学无疑起着关键作用。考虑到许多人造材料的基本物理特性，把机器人的高度增加 1 倍通常就意味着质量会增加到 4 倍。人形机器人 Willow Garage PR2 身高约 5 英尺（1.5 米），它的重量大概是 400 磅（约 180 千克）。这个重量带来了很多问题：首先是机器人的便携性很差；其次考虑到安全问题，过重的附加装置必须妥善处理；最后要移动这么重的物体，电池的使用时间也会大打折扣。这种机器人必须轻量化才能得到更广泛的应用。

对于需要和人类发生互动的机器人，它的结构设计不能让人感到太陌生。换句话说，机器人在执行任务（抓取、侦测、移动）的时候，它必须让周围的人知道应该怎么做。这些信号必须表达得十分清楚，人类会通过人类学、符号学、心理学等各种不同的角度来分析它们的含义。结构设计不能仅仅满足于实现机器人的功能需求，还要考虑到协同工作的人类（即便只是给机器人腾出空间）。尽管有的学者把机器人看作独立的甚至是自主的个体，但另一种观点认为，它们既是人类的帮手，也需要人类的协助。当我们给机器人设计类似于汽车转向灯或建筑上的门把手装置时，相关的设计方案将带来长期的影响。

机器人的结构不仅要坚固、轻量和稳定，而且它的各种部件及其自身还要能移动，这些使得结构设计更加关键。机器人的几种移动模式各有利弊：目前已有的方案有一足、两足、四足、六足的，或者轮式、行走式的。轮式机器人非常高效，但是对地面的平整度要求较高。采用多足运动模式的机器人复杂度更高，并且单位距离移动比轮式和行走式需要消耗更多能量。此外也有一些混合运动模式的尝试，比如行走式和多足式的结合。[3]在机器人飞行器方面，除了各种类型和不同排列方式的螺旋桨以外，仿生的翼式飞行也已经成为现实。

另一个结构设计需要考虑的问题就是震动和减震。例如，我们要设计一个固定在地面的手术机器人，它需要能升至 5 英尺（约 1.5 米）的高度，水平方向上延伸 2 英尺（约 0.6 米），然后再下探到手术创口的位置，而大多数材料的重量、强度和抗震性都无法达到这样的要求。之所以有重量的限制，是因为马达功率是与重量相匹配的，机器手臂越重，马达就越大，这就进一步增加了机器人的自重，缩短了电池续航时间，大部分自主机器人的设计都存在这个问题。

目前机器人的部件大多都是从其他设备上借用的配件，很少有专门针对机器人应用进行优化的配件。机器人学在很大程度上得益于其他领域的进展，不管是发动机、驱动器、齿轮、大大小小的微处理器，还是传感器、接口装置和动力系统，因为机器人技术本身产业规模较小，目前需要定制化生产的程度也比较高。重要的机器人部件通常要么是定制生产，要么就从其他地方借用，这也是机器人学成果很难取得经济可持续性的一个原因。与智能手机和视频游戏平台在商业上的成功相比，机器人的商业模式难以确立。由于其在一个更大的经济生态系统中的地位，微软 Kinect 感应器的销售基本上是亏损的，但是它却给机器人公司和研究者们提供了一个很实用的廉价高性能配件。另一个例子是任天堂公司 Wii 游戏机的触控接口，如果不是依靠市场规模庞大的游戏平台，我们可能找不到如此适合机器人使用的廉价工具。

我们难以在工程技术、经济性和营销上取得一个平衡。一台机器人设备可以用来做很多事情，但是在特定情况下，给它设计什么、装载什么、省略哪些东西，这是一件很难取舍的事情。机器人性能的增强（包括增加它的自由度）就会转化为市场风险的提高。军事无人机就是一个例子。1979 年，美国陆军启动了制造轻量侦察无人机的天鹰项目，用于传送敌军规模和位置的图像。很快它又增加了更多额外的功能需求：夜视、激光标靶、防护敌军地面火力的装甲、安全无线电通信，等等。这些功能大大增加了无人机的重量，提高了系统复杂度，当然也使它的造价失控了。原本计划制造 780 架无人机的 56 000 万美元的项目，经过近十年的研发，最终花费了超过 10 亿美元开发出一个不成功的产品原型。[4]相比之下，面向市场开发的 iRobot Roomba 扫地机器人对其使用范围和功能的控制就要好得多。

与机器人相关的新技术中值得一提的就是增材制造或 3D 打印，它可以打印出类似人骨的蜂巢结构，这种结构既可提供很高的强度，又能保持低共振和轻量化。在本书中我们将会看到，在机器人学这个跨学科领域里面，每个相关子领域的改进都会不断产生叠加效应，这里面包含软件工程、材料科学、电池化学和图像处理，等等。

传感器

机器人最基本的要求，就是它首先要能够感知自身及附属部件在物理空间中的位置。摄像头是一种解决方案，尽管有缺陷。首先，摄像头在一些照明条件下可能会失效，比如清晨或有刺眼的直射阳光时；周围环境显然也不能太暗。雪地会反射眩光，雨水可能让镜头模糊。视错觉（如在路面上画出来的坑洞）也会误导摄像头。[5]使用微处理器和各种算法把图像转换成信号并不是一件容易的事：即使摄像头已经获取了影像，从影像中提取有用的信息也可能非常困难，除非是针对严格限定的目标，比如警察和追索人员使用的车牌摄像头。[6]正如前文所述，一个领域里的突破往往能带来另一个看似不相关领域的进展，而图像识别与处理就是机器人学的这样一个关键领域。

声学测距仪（声呐等设备）可以用在机器人上面，但也有局限：这些设备速度较慢，特别是与激光雷达这样的光学测距仪相比而言。全球卫星定位系统（GPS）能够用于定位，但是还不够有效：对于局域任务来说它的精确度不够（比如定位桌子上的咖啡杯，或者餐厅里的冰箱）；它的通信有时会被阻断，诸如建筑物和桥梁之类的人造设施会妨碍其信号接收。其他类似的传感器，如减震器和动作感应器，也经常用在机器人身上。

随着电子网络的普及，机器人的处理能力有很大比例用在了对自身状态的监控上。就像哺乳动物需要通过系统性反馈机制来调节体温和血糖浓度一样，机器人也需要消耗一部分资源来监测和控制它的内部系统。因为很少有机器人是可以完全自给自足的，所以它需要一个或多个网络来连接计算云端、基站、其他机器人、外部传感器和类似的设备。它还需要侦测温度、电源管理、系统状态和各式部件的方位（如左后腿与机身之间的夹角）。自我监测的一个重要实例就是车轮侦测系统：在没有 GPS 和无线电信标的情况下，机器人最难获取的信息之一就是它所在的位置，特别是相对于 2 秒前或 3 分钟前的相对位置。车轮转辐计数是定位计算的一种基本方法。机器人越来越先进，它们的抓取器、机械爪或“手”上的传感器也变得更加重要。不管是抓取一个光滑的啤酒瓶不让它滑落，还是从塑料瓶里挤番茄酱时避免用力过猛，这些功能的实现都需要给机器人增加滑移侦测的附件。其他的传感器套件包括用来测量核辐射（在核灾难情况下）、气味（包括天然气、爆炸物和其他物质）、声音（包括语言）的装置。

最后，无论如何，收集传感器数据并根据数据做出决策，在理论上和运算上仍然困难重重，因此机器人感知的环境往往是粗略和低解析度的，还有一点就是，即便不考虑传感器输入数据的质量，释意装置的可靠性也是很大的问题。如果机器人传感器的故障率足够高的话，机器人试验的有效性很容易就被错误的定位给破坏了。由于难以确保传感器数据的清晰性和准确度，提升机器人性能的关键就在于错误侦测与纠错机制。

计算

只要机器人在感知其外部和内部环境，就需要先把传感信号处理成可用的形式，以便于控制系统来指挥机器人的行动。尽管我们在此不是讨论计算架构、编程语言或计算机科学和工程里的其他重要议题，但是这些复杂因素很大程度上阻碍了机器人学的发展，我们有必要稍稍涉及其中一部分。

时间在计算机科学里是一个很棘手的问题。在人类世界中，大多数事情都不是真正即时响应的，所以机器人在得到指令和执行指令之间的延时将会产生重要的影响：一个典型的例子就是华尔街的高频交易软件，几毫秒的网络延时就决定了交易的成败。时间对机器人的行动是极为关键的。

时间问题还会导致与之相关的另外一个方面的难题。如果你小时候见过早期的电脑，你肯定记得电脑卡机的情况：如果敲了回车键电脑还没有反应，你很可能要重新输入一次命令，再敲一次回车。今天，当你用更新的电脑在网上购物的时候，如果你点了一下鼠标没有反应的话，你很可能会再点一下，本来是买 6 双袜子可能变成了 12 双，又或者一双都没买到。对行驶中的汽车来说，操控和响应之间的及时协同至关重要。因为机器人的控制系统达不到真正的即时响应，对传感侦测、传感处理、控制和响应之间的各种延时进行校正是一项很困难的工作。就像骑自行车下山时车速过快导致的摆动一样，你最终无法使用恰当的力量和速度对它进行校正。解决问题的一个办法是增加计算“马力”，但是它会导致耗能和散热的增加，毕竟，天下没有免费的“计算”午餐。更常用的做法是通过算法对输入和指令变量进行平滑处理，减少非实时过程中的急动急停等问题。

与电脑屏幕上运行的系统不同，在三维空间里运作的系统容易受到干扰信号的影响。考虑到可预见的传感器异常输入，包括虚假数据，机器人采用的严格按条件执行（if-then）的命令模式很容易出现故障。而且对于在物理世界运作的机器人来说，干扰信号与其他错误还会自我放大。解决干扰的一种方式是采用模糊逻辑，机器人通常也会把很大一部分处理能力用于纠错及相关的任务。

人工智能领域的一个主要争论也与干扰问题有关。在过去几十年里，人们认为机器人与环境交互之前首先应该使用传感器来建立环境地图，但是，由于机器人的中央处理器（CPU）性能的限制，这个过程本身要花费很长时间，在这段时间内，外部环境很可能已经发生改变。所以机器人的认知地图总是滞后于实际环境。尽管我们在一些复杂环境中采取分层的方式来处理这个问题，但是在一些特定的机器人应用领域，另一种替代性的认知结构也是行之有效的。

记得我们在前面把机器人定义成一台可以感知、思考和行动的机器。但是，在 1986 年，已经从麻省理工学院退休的布鲁克斯提出用“行为”模式替代“感知—思考—行动”模式，即“感知—行动—再感知—基于新的信息再行动”。采用这种模式的机器人粗略地感知环境，确定自己在环境中的位置，而不依赖于通过传感器处理和地图绘制形成的对实际环境的抽象再现来行动。这种机器的行为看起来极其“智能”，因为它们的动作看起来是基于认知的，但实际上并非如此。[7]

包括 iRobot 的 Roomba 扫地机器人在内的许多机器人已经开始采用这种新的模式，意味着它们只需要执行低层次的动作：移动、躲避和其他条件反射的动作。有些人还指望机器人可以设定成保护人类，或是举止优雅（如阿西莫夫机器人三定律中阐述的那样），布鲁克斯只能告诉他们“无能为力”了。这种低层次的“感知—行动—再感知—基于新的信息再行动”模式虽然让机器人的行为看起来十分智能，但它只是多次细微决策所产生的效果。总之，机器人通常不会建立一个现实世界的“原型”，构建这种模型实在太困难了。[8]

这并不是说机器人只是被动反应的。这里涉及一个重要的问题就是路径生成和路径规划。假设一个机械臂有 4 个关节，每个关节都有

x 度的自由度，要从原来的位置移动到洗涤剂瓶子所在的位置，它的手指必须定位到合适的位置，以正确的角度和高度接近瓶子，同时还要避开 6 英寸①开外的盆栽，这并不是一个轻而易举的任务。机器人必须在它自身机械系统的限制下，细心地辨识出目标物（瓶子），同时还要谨慎地避开障碍物（盆栽）。有一些规划路径尽管便捷但是容易靠近障碍物，所以为安全起见（同时也考虑到给传感器数据更高的容错性），机器人通常对目标物和障碍物给予同等重要的考虑。[9]

在越来越多的应用场景中，机器人和传感器都将以集群的形式进行部署。这些设备与其他同类出现在同一个实体空间，具有相同的性能，受到同样的限制，拥有同样的目标，这使它们的认知更加复杂。与鸟类和昆虫类似，集群机器人中可能并没有一个“领头的”机器人来决定目标和战略，但是它们可能依靠极其简单的规则来实现无等级的协同工作。[10]

行为

机器人只要通过感知和任何程度的认知生成一个指令，它就必须执行该指令，通常是在三维空间内。这在两方面把机器人和二维的计算机区别开来。一方面，机器人在空间内的运动是通过马达、液压装置和其他驱动器实现的，它不像计算机一样可以在屏幕上精确到像素，它所处的环境也是不可预知的。另一方面，与计算机的鼠标和键盘相比，机器人与人的交互更多地牵涉人的感觉、认知和情绪。所以机器人的人机交互要更加复杂。换句话说，机器人的交互方式比桌面

---

① 1 英寸＝0.025 4 米。

电脑更为灵活，这也增加了制造机器人的难度。

苹果的 Siri 语音助理、IBM 的华生电脑和谷歌搜索引擎体现了人机界面上的最新进展。这些自然语言系统不是像点鼠标一样简单地接收语音指令，它们必须学着理解不同的语音（不像那些用单个发声者进行“训练”的早期系统）和比词典定义更细微的词义差别。想象一下你散步时遇到一条邻居家的狗，你对它说“给自己挠挠背”“走开”“到这儿来”“回家”（译注：这四句话里都有“back”一词），“back”这个词在这里表达了 4 种完全不同的含义。在这种情况下，机器人学就涉及人工智能的应用：当机器与人类进行交互的时候，人类的需求和表达需求的方式经常带有歧义。与文字输入的搜索关键词相比，通过陈述方式下达的指令理解起来要复杂得多。

尽管在机器人学的词汇表里面，“控制”是机器人系统的一个核心功能，但实际上这个词是有问题的。比如说，与人类操作一辆无线电控制的玩具赛车相比，机器人各种软件架构的不同层级可能比你所看到的系统行为更加随机或者更缺乏目的性。对于自主机器人（相对于被动从事重复性工作的预编程的固定式工厂机器人），一种标准的控制架构已经成形。在高层控制里，机器人系统接受人类指令，制订计划，设定目标，并且可能会改变机器人的形态。高层控制传递到中间层，它负责导航和躲避阻碍。最后，底层控制马达和类似部件把高层指令转化为物理动作，对速度、姿态和稳定性进行监测和微调。在指令逻辑层层向下传导的同时，来自底层传感器的反馈则反过来向上传递。[11]

大量机器人突然出现

对机器人学的研究从20世纪60年代就已经开始了，那么为什么在2010年后机器人才突然成为主流趋势呢？除了供给端驱动以外，我们也应该从需求端驱动方面来考虑这个问题。从需求端来说，地缘政治是一个主要因素。因为社会原因，反移民政策加大了普通工作的自动化需求，实际上，德国、日本和韩国的工人平均拥有工业机器人的数量是全世界最高的。这三个国家同样有着低生育率和庞大的汽车制造产业。未来随着老龄化问题的凸显，人们也希望在维持低移民率的前提下依靠护理机器人来解决相关问题。在供应链和制造领域，机器人的使用可以促进精细和重复性工作（如焊接和电路组装）的标准化，也可以把人力劳动从单调的低价值工作（如搬运医院的脏衣物）中解放出来。

尽管谷歌、沃尔沃、奥迪、梅赛德斯-奔驰和其他一些公司已经在开发无人驾驶汽车，但很多传统的汽车生产商所采取的方式还是在原有的汽车上加入机器人或“轻量机器人”。不管是自动泊车技术，还是路径跟随（偏道警示）、近端探测（包括辅助停车的倒车雷达和预防追尾的前置传感器）、全球卫星定位系统，现代汽车所装备的各种系统所采用的传感器、逻辑结构和介入方式都符合基本的机器人定义。

正如P. W. 辛格在他的《机器人战争》(*Wired for War*）一书中所指出的，美国对战场机器人技术的投入与越南战争中伤亡带来的巨大政治成本有关。在南亚损失的超过 58 000 名士兵激起了后方强烈的反战情绪，高级别的防务规划师和非军方的立法议员开始把更多资源投入到无人系统中。[12]随着在伊拉克、索马里、阿富汗等战争中不对称作战策略的兴起，针对叛乱中简易爆炸装置和其他武器的防御性工具需求增加。长远来看，在战争中使用机器人可以减少伤兵长期护理的开支：对于受到简易爆炸装置伤害的截肢者来说，他们在未来至少 50 年将需要高昂的护理费用，除非在假肢、移动能力或组织再生领域取得重大医学突破。

最终，美国航空航天局通过一次又一次的火星着陆器的研发，推进了机器人学的发展。事实上，火星是太阳系中唯一被机器人独占的行星。

从供给端来说，以下六方面的发展也提高了制造机器人的可行性。

摩尔定律

英特尔联合创始人戈登·摩尔（Gordon Moore）提出的单个集成电路上晶体管数量增长的规律——摩尔定律——已经维持了近 50 年时间：晶体管密度和总运算能力大约每两年翻一倍。因为很多机器人的任务都与处理器密切相关（路径规划、环境监测、语义诠释或安全联锁系统），处理器性能和速度的提升使得更多实时任务的处理成为可能。单个芯片上可容纳的计算核心越多，计算机能同时处理的任务就更多，协同工作能力也更强。视频游戏的图像处理能力和显示驱动程序的提升，增强了机器人视觉翻译的能力：把传感器捕捉的真实世界转化成其认知逻辑的一部分，反之亦然。

部件

微软游戏机系统里的 Kinect 摄像头（以及与之配套的动作探测和 3D 软件、固件）使计算机视觉的实现在经济性和运算能力上都更为可行。再比如，机器人还从拥有更大市场的摄像头和电动车窗上借用了步进电机。因制造手机的需要，数以百万计的微型、低能耗高清摄像头被生产出来。原本用于手机芯片的低能耗、低发热的微处理器也可以移植到机器人设备上，Arduino 微控制器和只有信用卡大小的 Linux 电脑“树莓派”给实验室和产品开发环境提供了性价比极高的配件。平板电脑的大规模生产也把以前的专用部件——触摸屏——的价格大幅降低了。

数学

路径导航、图像处理、释义和情境感知的算法可以借鉴其他相似领域的成果，比如搜索、社交网络分析、博弈论、视频渲染和自然语言处理。机器学习作为搜索和大数据分析中的一个关键领域，把沉寂了一段时间的人工智能研究又重新带回前沿地带。机器人学也受到广泛的开源运动的影响，出现了更多可用的代码库，大多数项目不需要从零开始构建。程序员在解决一些常见问题的时候可以直接导入或修改前人的代码，而不必一次又一次地重复编写像机器人开门代码库之类的软件。

人才

通过乐高头脑风暴机器人大赛，数量不断增加的计算机科学专业，或是全世界各地大学里兴起的独立机器人院系，让更多更优秀的学生得以进入这个行业。随着工业部门继续聘请专家来制造工业机器人，在汽车、家用、军事与航空领域开发传感器驱动技术，机器人领域的吸引力既有经济逻辑的因素，也因为大家觉得造机器人是一件很“酷”的事情。

资金

在私营部门，Intuitive Surgical公司股价的戏剧性飙升和2012年几宗著名的机器人创业公司收购案吸引了风险投资进入机器人行业。谷歌高调收购Nest（32亿美元）和波士顿动力（价格未披露）的行为给这个领域带来了更多的关注。除了亚马逊以7.75亿美元收购Kiva外，日本的软银据报道也以1亿美元投资了法国人形机器人公司Aldebaran。最后，军事机器人投入大幅增长的重要性毋庸置疑，其中目前正在进行中的三个项目包括炸弹拆除、边境监控和无人机作战。尽管由于国防开支的复杂性和保密性，我们难以获得准确的资金数字，但是据估计2010年防务方面的机器人投入在58亿美元左右，预计到2016年会增长到80亿美元。[13]

其他

机器人制造所需要的各项技术利用了其他成熟行业的成果。

1. 发明于1957年的谐波传动齿轮广泛应用于印刷、机械工具、航空航天和机器人等领域中。对机器人工程师来说，它有很多吸引人的优点，比如高扭力、轻便紧凑，在同等条件下的传动比远高于传统的行星齿轮。

2. 全球卫星定位系统无处不在，而且是免费的，可以作为机器人传感器套件的组成部分，提供基本的定位探测。

3. WiFi 解决了自主机器人的一个关键问题：如何把一个自由移动的设备连接到基站、外接处理器、外部摄像头和其他设备。此前的机器人研究者不得不使用复杂且低速的无线通信协议，或者干脆把机器人栓在线缆上，这无异于给他们的研究判了死刑。有了廉价且稳定的无线网络，今天的研究者就能腾出手来处理更关键的问题。无线网络也给“云机器人”的实现铺平了道路，它可以把繁重的运算转移到服务器端处理，而这些服务器既不在机器人内部，甚至也不在同一个建筑内，这样做的另一个好处是加强了设备之间共同学习的能力。[14]

4. 激光发明之后不久，激光扫描仪在 1960 年代就投入了使用。随着成本的降低和可靠性的增强，激光雷达被广泛用于自主机器人（包括无人驾驶汽车）的环境感知和目标分类。

5. 鉴于机器人的运行要用到大量的程序代码，而目前还没有一个现成的主导性机器人操作系统（如 Windows），所以软件工程的进展（调试技术、模块化原理、新型的开发框架）直接推动了机器人学的进步。商业软件（如 Mathematica）也被用于传感器处理和其他机器人功能的实现。

6. 不论是使人脸机器人的“皮肤”更仿真、更柔软的高分子聚合物，还是制造无人飞船用到的碳纤维和航空金属材料，以及可以根据需要来导电、绝缘或半导电的“智能”面料，材料科学的这些创新也推动了机器人学的发展。实际上，通过电池技术的大幅改进，材料科学实现了笔记本电脑和智能手机的电源创新，如果仅仅依靠机器人领域有限的资金，这种创新可能永远都得不到资助。

7. 正如计算机科学几十年来致力于攻克国际象棋一样，机器人领域把足球世界杯当作检验独立机器人进行团队协作的终极标准。对人工智能及相关领域的研究来说，从 1997 年开始的一年一度的机器人足球世界杯赛事成为一个标准化的试验场。关于赛事目的官方表述是：到 21 世纪中期，一支完全由自主的人形机器人组成的球队，应当在 FIFA（国际足联）的正式比赛规则下，战胜最新一届的世界杯冠军队。[15]

上述几条显示了机器人学广泛和深入的发展，并预示了它对生活各方面产生影响的可能性。推动机器人学向前发展的动力——人口构成、技术创新、战争和政治——的重要性不可能很快消失。未来几十年将是各种机器人的试验场。总而言之，机器人学的前途看来是极其光明的——虽然道路会有点曲折。

第五章　无人驾驶

在短短 100 多年的时间里，汽车和它的“表亲”卡车（轻型或重型的）比历史上任何一项技术都更加彻底地改变了地球的样貌。机动化的交通方式在某些方面形塑了整个 20 世纪，比如郊区的兴起、交通拥堵、围绕整个汽车行业所产生的大量从业人员，以及对全球二氧化碳排放水平的关键性影响。在经历了自动变速箱和空调等几个主要的发明之后，汽车技术从 1960 年以来并没有产生根本性的变化，而同期世界人口已经从 30 亿人增长到了 70 亿人。所以古老的汽车技术（特别是内燃发动机）仍然在影响着中国、印度、墨西哥、巴西和世界上很多地方：据一项估算，汽车及汽车相关行业每年创造了 2 万亿美元的收入。[1]

然而汽车行业的影响大多是负面的，包括前面提到的环境代价、交通拥堵浪费的时间和每年数以万计的交通事故死亡人数。为了维持汽车化带来的好处，减少其负面效应，我们有足够强大的动力来部署无人驾驶或半自动驾驶的汽车：

1. 在包括但不限于战争、自然灾害和人为灾难的危险情境下，我们极其需要能够输送补给、撤离人员和物资的运输能力。中东战争中美国后勤车队遭受的简易爆炸装置袭击导致了很高的伤亡率，这也从侧面论证了无人驾驶卡车的好处。

2. 没有人可以准确计算出交通拥堵所浪费的时间和燃油的数量。2003 年的一项估算是每年 37 亿小时和 23 亿加仑①的燃油。2010 年的另一项研究也给出了大致相近的数字：浪费的时间是 48 亿小时，浪费的燃油是 19 亿加仑。[2]

3. 实际上汽车大多数时间都处于闲置状态，即使在闲置时它们也仍然要占用宝贵的资源（任何人只要在大城市交过停车费就肯定深有体会）。据估算，一辆汽车在报废前只有不到 4%的时间是在使用中。[3]

4. 安全驾驶也不是那么容易。随着驾驶员年龄的增长，他的反应速度会变慢，视力逐渐衰退，听力也会变弱。酒驾和新手司机引发的悲剧每天都在上演。日益恶化的交通拥堵问题进一步加剧了驾驶的危险性：通勤时间的延长，道路一年比一年更堵，但是驾驶员的耐心、技术和警惕性并没有随之提升。世界卫生组织估计全球每年有 120 万人在交通事故中丧生。

机器人驾驶技术如何惠及人类

人类的反应时间和视觉计算能力并不可靠。不难想象在很多情境

① 1 加仑约为 3.79 升。——译者注

下机器的驾驶能力实际上要优于人类的表现。想想对人类驾驶员来说，计算对面来车的速度只能靠猜测：驾驶员错误判断机会窗口（比如穿过对向车流左转弯）的事情，每一天都会发生好几百万次。而对有激光雷达和运算能力的电脑汽车来说，这种计算不过是小菜一碟。即使没有谷歌的无人驾驶汽车，计算机对驾驶的干预也在逐年增加，不管是通过牵引力控制系统还是其他机器人辅助技术。奥迪目前创造了两项无人驾驶的速度纪录，[4]很多其他厂商也正在探索无人驾驶的可能性。

目前已有的技术包括可以检测酒驾、超速、越界行驶的安全联动装置。在可能出现危险的情况下，部分车主更愿意让这些装置和驾驶机器人共同接管车辆的控制权。

机器人驾驶也可以是部分辅助性的。就像防止车辆打滑的牵引力控制系统一样，由机器人来“帮助”人类驾驶将会成为一种主流趋势：特斯拉在2015年启动了一个无人驾驶功能的渐进增加项目。机器人对驾驶的帮助可以有很多种形式，比如激光雷达视觉（就和一些车型上已经可以选装的夜视系统一样），帮助慌乱的司机快速打方向，或者自动并行停车，这在某些车型上已经实现了。当人们在陌生城市开着租来的车，或者是晚上下班回家要找一条最畅通路线的时候，根据自动GPS、实时路况和天气状况进行路径规划也是他们的一个主要诉求。

城市里面的停车场数量不足并且收费高，人们往往在商场、剧院、体育场等热门目的地附近的停车场支付了高昂的停车费。可以想象，无人驾驶汽车还可以充当车主的停车管理员，把车主和乘客送到晚上活动的目的地，比如剧场、影院和派对，然后再自行开往像机场外围停车场一样便宜的停车区，等车主召唤的时候再返回去接他们。

更进一步来说，我们可以把无人驾驶汽车想象成自动的出租车，把它看作一种服务而非产品。自动出租车把第1名乘客送往目的地后，算法会计算出离它最近的下一名乘客，这比一名出租车调度员要强得多，随后出租车再接上第2名乘客并送往目的地，如此循环往复。这种方式将大大减轻交通负担（打比方说，原先在早高峰时5个司机要开5辆车，那么自动出租车可以按顺序依次接送这5个人，甚至是同时拉上5个不想单独坐车或是要省点钱的拼车客）。停车场的地方也可以腾出来派上更大的用场。人们将获得更多的可支配收入：对于96%的时间都不在使用状态的车辆来说，为它花上一大笔购车费、加油费、维修费、保险费和停车费实在太不值当了。与出租车不同的是，机器人不需要回“家”，还可以根据算法给出的最优时间和地点来加油或充电。实时定价系统可以平衡全天的交通流量，比如不赶时间的人可以搭乘上午10：30以后的车，那样车费更便宜。建立在智能手机应用程序基础上的优步是一种替代性的出租车服务，它使用的不是传统的出租车，而是人们自己的家用汽车。优步目前就正在大力投入研发无人驾驶汽车，包括聘请学界精英，它的首席执行官也提出了与此一致的公众使命。[5]2016年年初，另一家打车软件初创企业Lyft与通用汽车签署了5亿美元的协议，用于开发无人驾驶出租车。[6]

除了便捷之外，机器人驾驶车辆时的安全车距远比人类驾驶时要小。因为机器人的反应速度更快，也不会出现影响安全驾驶的人为因素（进食、化妆、发短信、神志不清或身体缺陷），并且机器人汽车更容易预测其他车辆的行为。这样道路承载量和交通效率都将得到提高，在某些情况下使得道路扩建的需要不那么迫切了。在绘制了地图的已知道路上，机器人汽车可以跑出最快速度：宝马汽车早期在一条测试赛道上进行自动汽车的研究时，曾经把最优秀车手的累积驾驶数据编入一辆宝马 3 系轿车，作为训练年轻车手的工具。这辆宝马的自动赛道车尽管会选择正确的路线进弯出弯、适时换挡、加速和刹车，但是它还不能与其他车辆同场竞技。[7]

无人驾驶汽车的发展

无人驾驶汽车在过去十年里经历了一个飞速发展的阶段。著名的劳工经济学家弗兰克·利维（Frank Levy）和理查德·默南（Richard Murnane）在 2004 年出版了《新劳动分工》（*The New Division of Labor*）一书，其中讨论了与隐性知识（人们知道但无法清楚表述的知识）相关的问题。书中举了货车在车流中左转弯的例子，与信用评分系统不同，这种驾驶任务显然无法用简单的规则定义来解决，这个例子能很好地说明什么是隐性知识。

> 面包车司机需要应对他周围环境中源源不断的信息流：红绿灯的视觉信息，关于小孩、狗和其他车辆轨迹的视觉听觉信息，处于视觉盲区的车辆的听觉信息（可能还有警笛声），关于自己的车的引擎、变速箱、刹车状况的触觉信息。为了把这种驾驶行

为程序化，我们可以使用摄像头和其他传感器作为输入装置。但是，在迎面而来的车流之中向左转弯涉及太多的因素，我们很难设想需要什么样的规则集合才能模拟驾驶员的行为。[8]

也是在 2004 年，美国国防部高级研究计划局（DARPA）组织了一场奖金高达 100 万美元的无人驾驶汽车竞赛。赛程覆盖了 Mojave 沙漠里 142 英里（约 229 公里）长的崎岖地带，在有意参赛的 100 多支队伍中有 15 辆车达到了参赛的要求。比赛不允许任何人工干预。表现最好的参赛车仅仅跑了 7 英里（约 11 公里）就出现了后轮悬空，它就一直在那空转直到冒烟，幸好还没有起火。

2005 年，DARPA 又组织了一场相似的比赛，最先完成比赛的将获得 200 万美元的奖金。DARPA 在提交国会的报告中明确指出，组织这次比赛的目的是：

● 推进地面无人驾驶汽车在传感器、导航、控制算法、硬件系统和系统集成等关键领域的发展。

● 展示无人驾驶汽车以军用级别的速度和续航里程在极端路况下行驶的能力。

● 除此前与（国防部）项目与工程相关的研究之外，吸引更广泛的群体参与到无人驾驶汽车问题的研究中，带来新鲜的视角。[9]

在报名参赛的 195 支队伍中，有 136 支队伍按要求提交了 5 分钟的视频，标志着比赛的正式开始。DARPA 成员进行了 118 次实地考察，选择了 40 支队伍参加半决赛。算上后来增补的 3 支队伍，参赛人员总数超过了 1 000 人，其中很多都是专职投入比赛。半决赛队伍集中在加州赛车场参加了资格赛，模拟了正式比赛中将会面临的一些情况。参赛的43辆无人驾驶汽车中，有23辆车至少完成了其中一次测试赛程，完成全部3个赛程的有5支队伍。不出所料，这5支队伍也是最终完成决赛仅有的队伍，可见资格赛的结果还是非常准确的。

包括奖金在内，DARPA的赛事投入还不到1 000万美元，但是回报却非常丰厚：美国从此迅速占领了无人驾驶汽车研究的前沿领域。更重要的是，DARPA此前设定的关键技术领域成为全世界关注的焦点：传感器、导航、控制算法、硬件和系统集成。下面的例子很好地说明了这一点。

2004年的参赛队伍中有一支是戴维·霍尔（David Hall）组织的，他本人是硅谷一家为家庭影院生产低音炮的公司Velodyne的创始人。这支队伍没有参加此后2005年的比赛，但是，他们改进并推广了测绘地形的车用激光雷达系统：全球卫星定位系统只能用于粗略定位，无法识别汽车道和小径。在2007年DARPA组织的城市挑战赛中，11支决赛队伍里面有7支使用了Velodyne的激光雷达系统，包括排名前两位的卡耐基·梅隆大学和斯坦福大学（这两支队伍的名次正好是两年前沙漠赛名次的对调）。Velodyne的这套系统每分钟最高能旋转900周，搭载的64个激光头每秒能探测超过100万个点。一套这样的系统在2013年的价格差不多是75 000美元，高昂的价格使其难以走向商业化应用，即使是谷歌无人驾驶原型车采用的丰田普瑞斯汽车的价格才只相当于这个传感器的1/3。与此同时，Velodyne激光雷达系统也成为一个工业标准，被谷歌（他们称其为“系统的心脏”）[10]和其他研究团队广泛采用。Velodyne公司在2014年年末推出了一款较为便宜的16个激光单元的系统，售价7 999美元；到2015年年末，公司宣布将在下一年推出一款500美元以下的型号。[11]

如今无人驾驶汽车的发展走上了两个完全相反的方向。在带领斯坦福的团队赢得DARPA挑战赛后，塞巴斯蒂安·特伦（Sebastian Thrun）被谷歌挖过来研发无人驾驶汽车。他在斯坦福所倡导的理念——把自动导航看作软件问题[12]——自然也被带到了谷歌，在这里使用各种工具处理海量数据本来也是企业的日常工作。简而言之，谷歌无人驾驶汽车是作为一个软件问题来处理的，对于跟数字打交道的计算机来说，汽车只是它的一个外接设备。

顺带说一句，无人驾驶汽车的一些关键数据无关乎道路与其他车辆，而是关于它自身的数据，特别是它的“姿态”。因为对于一辆遵从物理学定律在空间中移动的3 000磅①的汽车来说，场地、偏航和位移的大小直接影响车辆的位置和运动趋势。比如说，假如车辆的姿态处于完全的水平状态，车顶的传感器可以探测前方50米的地面，如果在急刹车造成车头下沉时，随着传感器的前倾，可探测的前方地面将会远小于50米。所以谷歌在它改装的丰田/雷克萨斯汽车上，除了使用车轮旋转计算器、雷达和激光雷达系统外，还搭载了一系列传感器来监测车体本身的运动。（尽管如此，保持零事故记录的那辆谷歌汽车采用的是另一种技术）。[13]

传统汽车厂商大众、梅赛德斯、沃尔沃、宝马及它们的供应商（包括罗克韦尔·柯林斯、博世和马牌）则走向了另一个发展方向。

---

① 1磅=0.453 6千克。

厂商们在各自生产的高端汽车中逐步增加传感器、处理器和驱动器，悄无声息地提高了车辆的自动化程度，以至于《名车志》（*Car and Driver*）杂志宣称："自动汽车——你已经在驾驶它了。"[14]

实际上，我们与完全自动驾驶的距离可能并不遥远，只要再往前迈出一小步：我们通过采用机器学习技术训练的软件，可以进一步集成和增强各种辅助驾驶系统，包括防抱死制动、牵引力控制、安全车距跟随、偏道侦测、全球卫星定位系统、平行泊车辅助和倒车系统。特斯拉的自动驾驶模式就采取了这样的策略，而没有使用激光雷达系统。2015年，丰田成立了一家子公司来研发无人驾驶汽车和家用助理机器人，主要为老人服务。按照计划，到2020年，对这家人工智能公司的总投入将达到10亿美元。[15]

欧洲从2009年开始启动了一个无人驾驶试验项目。SARTRE（公路自动安全列队驾驶科研项目）在2012年结束的试验中采用了前面提到的多项技术。试验中的领头车，通常是一辆重型卡车，由经过认证的人类驾驶员驾驶。在原始的试验中，装备了激光和影像系统的汽车可以由驾驶员发出请求加入车队的信号，这种最多不超过10辆车的车队叫作"列队"。通过提前预订，车辆可以在指定的时间和地点加入"列队"。一旦车辆入队，驾驶员就把控制权移交给"列队"。此后不管驾驶员是去睡觉、看书、发短信还是逗小孩，车辆都将保持在一个安全高效的跟车距离。接近目的地时，驾驶员重新获得车辆的控制权并退出"列队"。2016年，"列队"模式升级为WiFi车辆互联并且试验成功。通过远程控制实现的近距离跟车方式把燃油经济性提升了20％～40％。这种模式无须对现有的道路进行改造，欧盟也已经为其预留了专用的无线电通信频段。[16]

难　　题

无人驾驶技术在前进道路上还将面临许多复杂的问题，会发生很多令人惊喜的成果，在某些领域人们会更快地接受这种技术，如地理学和人口统计学。尽管现在我们还无法预计它将面临的所有困难，但是以下几个复杂因素都将包含在内。

法律

为了让无人驾驶汽车上路行驶，我们可能必须修改交通法规。内华达州在谷歌的游说下已经率先将无人驾驶汽车合法化了。因为各种利益团体都想在法规中加入更多规定和条款，给无人驾驶汽车创造一个让人满意的法律环境将会是一项艰巨的任务。

人们自然会想到一个关键的法律问题：无人驾驶汽车发生车祸时，由谁来承担责任？这个问题实际上很难回答。

正如硅谷发明家和观察家布拉德·坦普尔顿（Brad Templeton）所指出的，在当前环境下，车祸的损失是由车主直接或间接通过保险公司来赔付的。如果发生车祸的是无人驾驶汽车，责任就会被判给资金更充足的公司，如汽车制造商、配件供应商、软件公司等。普通交通事故是由不当驾驶引起的（人为因素），无人驾驶汽车的事故则会被看作产品责任事故，一种由系统性失灵造成的后果（企业过失）。但是如果判决结果对公司非常不利的话，将会让制造商感觉无人驾驶技术的时机尚不成熟。坦普尔顿还指出，正是产品责任的官司让几家公司退出了小飞机市场：因为法官在多数案子里都把责任判给了飞机制造商，即使事故完全是飞行员引起的，导致飞机的保费甚至超过了飞机本身的制造成本。[17]坦普尔顿还观察到人类感知上的显著偏差。包括诺贝尔奖得主丹尼尔·卡尼曼（Daniel Kahnemann）[18]在内的行为经济学家和信息安全大神布鲁斯·施奈尔（Bruce Schneier）都曾指出，人类合理评估风险的能力非常差劲。施奈尔举出了鲨鱼袭人的例子：每当新闻报道里出现鲨鱼攻击人类事件，大多数人都会选择远离海岸，尽管人被鲨鱼攻击的风险要远远低于被狗咬伤的风险。[19]此外，每年有数十万人死于癌症、心脏病和交通事故，但是很少有人像对鲨鱼风险做出的反应那样，为此戒烟、改变饮食或通勤方式。坦普尔顿认为，即便无人驾驶技术可以把每年车祸死亡人数降低99%，从45 000人（1990年）减少到500人，对没有统计学思维的人来说，事故的不可预见性可能让他们更加恐慌。

很多人要么对飞行抱有强烈的恐惧感，要么干脆拒绝搭乘飞机，但是乘坐汽车却让他们感觉舒服多了，因为汽车给他们一种虚幻的控制感。但是就统计概率而言，乘坐经严格培训和考核的合格飞行员驾驶的飞机比乘坐汽车的安全性高得多。无人驾驶汽车同样也会引发人们类似的恐惧，由此带来强烈的立法呼吁、高额的判决赔偿金，尽管它比人类驾驶的汽车要安全100倍。

环境复杂性

过去提出的无人驾驶方案需要在路面下为传感器铺设电线，开辟专用车道，对现有的复杂且昂贵的基础设施进行改造。目前无人驾驶汽车已经具备了对现有道路的适应能力——尽管需要细致的测绘——大多数道路最终会以各种形式供无人驾驶汽车使用。但是路面的意外情况是无法避免的：突然冲出的小鹿，儿童从立交桥上抛下的水气球（甚至更可怕的东西），随风飘荡的塑料袋，冲进车流的滑板（有时是人和滑板一起），市内交通中骑着车突然窜出来的邮递员。面对各种步行和骑车人员，无人驾驶汽车仍然难以绘制其行为并做出可靠的反应。[20]如果无人驾驶汽车突然刹车，所造成的意外情况中，不可避免地会出现被人类驾驶员追尾——而他们只是在正常驾驶而已：从2009年到2015年，谷歌无人驾驶汽车被有人驾驶汽车碰撞的14次事故中，就有11次是各式各样的追尾。[21]

谷歌很早就发现完全按照交通法规来驾驶是不可能的：如果要等到有足够空间时再并道，你可能会在辅道上等很长时间，急躁的司机会从路肩上超车。同样，在俄罗斯，因为交通过于拥堵，人们经常不按分道线行驶。那么在洛杉矶、东京和罗马这些地方，情况又会如何呢？在施工或事故现场，面对打手势的交通管制员或是下达口头指令的警察，激光雷达系统和计算机算法应该如何处理呢？没有一种算法可以应对所有的驾驶环境，那么无人驾驶汽车又该如何选择呢？

由于谷歌的无人驾驶方式需要投入大量人力预先绘制高密度的点云地图，所以谷歌无人车还不能进入停车场和建筑物内部。但是谷歌无人车应该如何识别刹车灯和紧急信号灯，如何分辨拖车和救护车上的灯带呢？[22]和人工智能的其他分支一样，“困难的”问题（如地图读取）可能相对比较容易，而“简单的”问题（如区分石块和纸板）可能会比预想的要麻烦得多。

天气因素也是一个主要的挑战。积雪会掩盖路面的标线，产生迷惑性的阴影或眩光，影响路面的摩擦系数。不论使用多好的传感器，雨天都会降低它的可视距离。路面积水、泥泞道路和海岸公路上的浮沙都会对传感器造成干扰。就算对环境进行再多的预先勘探和绘图，也无法保证无人驾驶汽车可以应对所有可能发生的情况，所以在某些情况下向人类求助（比如通过即时的视频连线）也是一个可行的办法。异常侦测和处理或许会呈现出某种幂函数分布，即5%的情况会导致80%的停机、碰撞和其他故障。

经济

正如我们所看到的，除了雷达、车轮传感器和计算机软件及硬件的造价，早期版本的激光雷达系统还会给无人驾驶汽车增加75 000美元的成本。摩尔定律和大规模量产可以有效降低硬件成本，随着软件系统的改进，安全相关的图像处理共享软件库和有关的代码库也会降低软件成本。

更难以预料的是无人驾驶汽车相关的补助政策。如果驾驶员愿意为广告投放提供辅助信息的话，谷歌可能会为无人驾驶汽车支付一部分费用。考虑到谷歌最强大的搜索技术主要用于桌面电脑，而在美国这样一个人们花大量时间待在车里的地方，对于一个主要靠销售广告获利的公司来说，如果能够在车上吸引人们的注意力，意味着更大的商业利益。

一旦自动驾驶技术得到认可，保险公司将会对人类驾驶员收取日益高昂的保费。新手司机和老年驾驶员——作为统计学上的高风险群体——在特定情况下可能会被强制要求驾驶有机器人辅助的车辆，否则将无法获得保险。另外，州和市一级政府也可能对无人驾驶车的买家减税，因为这些车辆所需的安全车距更小，降低了基础设施的建设开支，同时，更低的事故率也降低了警察和急救人员的开支。尽管如此，智能车辆也会减少其他项目上的政府收益，以华盛顿特区为例，现在每年的违章停车罚款高达 8 000 万美元，[23]诸如此类的收入锐减又将由谁来埋单呢？

此外我们还需要考虑各种利益集团和选民团体。美国退休人员协会已经是一个很有影响力的组织，而且随着婴儿潮一代的变老肯定还将进一步壮大，无人驾驶汽车可以提高老年人自由活动的安全性，从而得到协会的支持。另外，那些追求驾驶乐趣的人认为无人驾驶汽车将会限制他们作为驾驶员的“自由”，因而提出反对的声音。保险公司可能也会拥抱自动驾驶技术，随着无人驾驶汽车数量的增长，驾驶变得越来越安全，保险申报和赔付金额随之大幅减少，这将大大降低保费。然而石油公司不大可能支持一项改善燃油经济性的技术，特别是油电混动技术的采用进一步降低了油耗。而汽车厂商为了达到更严格的油耗标准，在确保产品安全的前提下，将会尽快采用这些技术。

观点

众所周知，公众意见是很难预测的。长远来看，我们还不知道无人驾驶汽车的市场有多强劲。在任何一个国家，最终获胜的是人类的恐惧、贪婪，还是无人车的新颖性，这将在很大程度上决定无人驾驶的命运。在公众讨论中使用的语言、图像、符号和隐喻将会塑造人们对汽车的主流观点。尽管“机器人汽车”“自动汽车”“自主驾驶汽车”表示的是同样一种车，但是我们在公众讨论中使用哪些术语和含义，将直接影响公众对它的接受度。

无人驾驶效应

在我们今天看来，无人驾驶汽车的未来有着光明的前景。但是它们也可能会导致很多意想不到的情况，有的甚至很可怕（被银行抢劫犯用于逃脱），有些则会产生极其深远的影响。

1. 有了无人驾驶汽车，交通工具不再是一项资产，而成为一种服务，这将在多方面推动社会的进步。设想有一天汽车成了陆地上的无人机，它们会根据用户的便利（Zipcar 的汽车共享模式）、燃油经济性（拼车）、平峰车速来优化行驶路线。无人驾驶汽车还可以嵌入 Waze 这种实时路况报告工具，使用现有的路径优化软件（类似 UPS 快递公司的驾驶员用于减少途中左转弯的程序）[24]，再加上税收和拥堵计费之类的刺激措施，可能会从根本上改变高峰期的交通、保险费率和燃油经济性。谷歌目前同时投资了无人驾驶汽车和优步的共享汽车服务。设想一下，如果把这两种商业模式结合在一起，将会产生什么样的结果。

2. 现在仅美国每年车祸就达到 500 万起，即使保守估计无人驾驶汽车减少的车祸数量，它也将显著地改变道路安全和公共健康的现状。无人驾驶汽车不会酒驾，也不会边开车边发短信，不会睡着了把车开出公路，也不会有路怒症。

3. 无人驾驶汽车将大大影响我们的用车开支和消费方式。想想那些车辆闲置时所产生的巨额费用。在大城市，市区的一个停车位每月就能收取几千美元的停车费。汽车租赁、保险和保养也都涉及庞大的商业利益。[25]

如上所述，无人驾驶汽车将会改变人们的习惯、商业利益、政府收入和开支、公共空间的分配和公民社会的其他方面。

现在让我们设想一下围绕汽车产业有哪些行业、活动、职业和基础设施将受到无人驾驶汽车的影响。

- 原有的汽车厂商：尼桑、福特、菲亚特等。
- 快餐业。
- 道路建设。
- 驾驶教练。
- 停车场引导员、清洁工等。
- 出租车司机。
- 收费公路。
- 加油站和便利店。
- 商场（大多数交通不便）。
- 全球汽车零部件供应商，如米其林、博世、电装株式会社和德尔福。
- 汽车零售商。
- 洗车行。
- 修车厂。

- 快速换油中心。
- 汽车配件零售商。
- 车险理算员、定损员、理赔专家和保险商。
- 交通警察。
- 石油开采、提炼和输送。
- 生物燃料相关的种植业。
- 汽车贷款相关的银行职员。

从经济角度来看，他们当中谁会从中获益，谁又将遭受损失呢？

获益者

地图公司和传感器公司将为无人驾驶汽车提供关键的基础设施。除了谷歌以外，博世、Velodyne 和马牌等公司都在努力从中分一杯羹。2015 年，奥迪、宝马和戴姆勒联手收购了诺基亚的地图部门。

如果无人驾驶汽车可以显著减少停车空间的需求，城市规划部门将会重新对私人交通进行规划。建有大量停车场的医院和中学可以将这些大片土地改作他用。实际上，麻省理工学院的一项研究发现，某些城市多达 1/3 的土地被用于停车。[26] 对于一些尝试在主城区禁车的城市来说，无人驾驶汽车也会对其产生重大影响，包括布鲁塞尔、都柏林、赫尔辛基、马德里、米兰和奥斯陆。

乘客和交通服务供应商之间的中介行业将会兴盛起来。如果人们不再拥有长期闲置的车辆，交通服务将会在两种模式之间展开竞争，一种是 Uber 和 Lyft 这种基于行程的服务模式，另一种是小型公务飞机采取的分时共享模式。在低端市场，Zipcar 和 Hertz 租车公司可能仍将提供有效的服务。

随着大批通勤族同时开车赶去上班的盛况不再，通勤人员可以花更多时间待在家里，或者在交通途中处理更多工作。与自己开车相比，利用无人驾驶的上班族，就算是在同样的时段花费同样多的通勤时间，他们的血压也会相对更低，工作效率更高，与行人有关的交通事故也会随之减少。

根据疾控中心的数据，仅 2013 年全美就有近 34 000 人死于交通事故，[27] 2010 年因“机动车交通”出动的急救次数达到 400 万次。[28] 这些数据的降低毫无疑问会让全社会获益。

自动汽车比人类更擅长驾驶，特别是在交通拥堵的路段面对走走停停的情况，急躁和走神的人类驾驶员通常是一脚油门一脚刹车，而自动汽车利用车对车通信或“云汽车”技术就可以减少这种行为。通过车辆之间的协同所改善的交通状况将会减少通行时间，提高燃油经济性，降低净能耗。和云计算技术一样，把分散的车辆资源集中起来统筹利用，可以大大提高车辆使用率，从而降低成本，节省经常性开支。

凡事有利就有弊，鉴于自动化系统故障的严重后果，我们需要更加严格地对无人驾驶汽车进行检测和认证，类似于私人飞机的检测和认证，对于系统缺陷所导致的车辆召回波及面可能会更广。即使国家不直接检测无人驾驶汽车，也需要对车辆检测站进行认证。

就像在电话系统的使用上，那些没有固定电话设施的国家比美国更快采用了蜂窝移动电话系统。在无人驾驶汽车的使用上，那些直接为它们建造基础设施的国家会比利用原有道路进行改造的国家更有优势。[29]

利益受损者

随着资产利用率的提高——车辆不再像以前一样每天闲置 22 小时——汽车的销量可能随之下滑，销售的车型也可能发生改变（比如像伦敦出租车的式样将更受欢迎）。把交通作为一项服务出售将成为可能的商业模式：假期带上孩子们出去玩的小货车，春天装载园艺材料的皮卡车，周末休闲用的跑车，开着去滑雪的 SUV。比起拥有一辆固定的汽车，消费者更倾向于根据出行的目的来选择合适的车型——通过提前预订的方式。按照 2015 年的估算，一辆共享汽车可以取代 15 辆私家车。[30]

同样的道理，我们也没有那么需要停车场了。停车管理员的岗位即便还继续存在，他们也只是用来做做样子，没有什么实际作用了。

随着私人汽车保有量的减少，以车队或者至少是群组形式存在的汽车成为新的常态，汽车零售商和汽车贷款可能需要更加专注于 B2B 交易。与上一代美国人相比，如今 20 多岁的年轻人更少购买汽车：仅仅从 2001 年到 2009 年的 8 年间，16～34 岁的美国驾驶员总行驶里程就下滑了 23％。[31]

大型商场的数量已经在急剧减少。经历了 1956 年到 2005 年的持续增长期，全美范围内新建了 1 500 座商场，现在这种建设已经陷入停滞。《零售新法则》（*The New Rules of Rctail*）一书的作者罗宾·

刘易斯（Robin Lewis）预言：到2025年，在网络购物的冲击下，现有的商场半数将会关闭。[32]考虑到21世纪的汽车文化是形塑商场、超市和其他零售形式的首要因素，无人驾驶汽车的出现将彻底改变美国和其他地区的经济和地理形态。由于无人驾驶汽车的使用频率大幅提高，从事汽车日常保养的车行将会更加繁忙，诸如出租车车队和交通服务公司或将选择成立自己的维修部门。随着无人驾驶汽车带来的交通事故锐减，车身维修的生意势必冷清。事故频率和损害的降低将会压低保费的金额，造成汽车保险业的资金紧张。

包括超速罚款、违章停车罚款（和停车费）、驾驶员和车辆许可费在内的市政收入将会大幅减少。随着驾驶员、私家车、交通流量、违章停车和停车时间的减少，市政当局的收入、警力和计划职能将在15年内发生彻底的改变。

对电台广告商来说，“驾驶时间”是一天中的黄金时段。一旦人们开始把通勤时间用于收发信息和观看视频，电台将不再是驾驶员的首选娱乐媒介。卫星广播和数字流媒体服务已经开始抢夺调幅调频广播的市场，而无人驾驶汽车可能会进一步加速传统广播业的衰落。[33]

值得注意的是，谷歌发布了针对其首批无人驾驶汽车用户的视频，在为用户史蒂夫·马汉（一名法律意义上的盲人）[34]排摄的视频中，我们看到有一家得来速餐厅（译注：可以开车到窗口取餐后直接离开而无须下车的餐厅）。根据《波士顿环球报》2009年援引的一名公司发言人的话，得来速餐厅的客户贡献了麦当劳50%～60%的销售收入。[35]很多以汽车为中心的零售形式将针对无人驾驶汽车进行调整。从长远来看，出租车和豪华车司机的饭碗岌岌可危。

根据一项测算，在纽约搭乘一次无人驾驶汽车的平均成本是 80 美分，而搭乘一次出租车的平均成本是 8 美元。往返于繁忙的港口、联运站和装卸码头之间的半挂车司机，以后可能会像渡船驾驶员一样，只负责全程中最开始一段和最后一段的驾驶。

人类驾驶的内燃机汽车如此深入地植根于全球经济环境之中，所以对于“无人驾驶汽车这种特殊的机器人会增加还是减少失业”这个问题，我们无法给出任何明确的答案。可以确定的是，在现有工作岗位（如出租车司机）大量消失的同时，也会催生一些全新的工作部门。同样可以确定的是，当前从业人员对变革的阻挠——特斯拉的销售模式已经在若干个州被认定为非法——也会影响转变的过程。[36]

最后一类利益受损者可能是所有人都没想到的。因为交通事故是目前器官和人体组织捐献的主要来源，[37]无人驾驶汽车减少了车祸丧生者数量，将使那些需要移植器官的人不得不重新调整他们的预期（但是也有观察人士预测，在传统移植源枯竭的时候，3D 打印器官和组织会成为一个可行的替代方案）。

货车运输

2006 年，普林斯顿的经济学家艾伦·布林德（Alan Blinder）就“下一次工业革命”撰写了一篇很有影响力的文章，在这次革命中服务业工作（不只是制造业）将会向境外转移。他举的例子包括软件编程和专业的模式识别类工作：资产分析、会计、法律研究和放射影像释读。相比于海外工厂主要影响的是美国境内的蓝领工人，境外服务将会影响各个收入阶层的个体，布林德也强调了有些工作不大可能转移到境外，他指的是护士助手和货车司机这类职位。[38]

美国的货车运输业正在面临司机短缺的状况。尽管受教育程度不高的工人可选择的职业比 50 年前少得多（当时只有 10％的劳动力有大学学位），货车司机的工作还是很难让人接受：孤独感、长期出差、久坐和不良饮食带来的健康问题都使潜在的求职者望而生畏。此外，更严格的安全措施和驾驶时间的要求也增加了司机的工作负荷。长途货车司机的平均年龄持续攀升（2013 年时是 55 岁），全美国的职位空缺数是 25 000 个，这也是 2013 年的数据。[39]

进入无人驾驶汽车时代，考虑到伊拉克和阿富汗战场上简易爆炸装置带来的伤亡数量，无人驾驶卡车在军用领域的显著优势可以产生立竿见影的效果，但它在民用领域的优势看起来更多是一种长期效应。与燃油开支和资本性投入相比，卡车司机的工资相对较低。自主机器人卡车的应用可能还需要十几二十年的时间。实际上，梅赛德斯-奔驰 2015 年在高速公路上测试的自动驾驶载重卡车预计到 2025 年才会正式发布，取决于法律和其他方面的许可。[40]无论如何，与其坐等一辆“纯粹的”机器人卡车，我们在人类和电脑机器人结合方面还有很多可以发挥的空间。

需要解决的问题

谁来承担责任

我们需要仔细考虑机动车自主性的概念。不管是为军事指挥官服务，还是给平民家庭干活，机器人汽车都是在执行某人的命令，它的自主性是相对而言的，这和一个手握车钥匙的少年不是一回事。谷歌无人驾驶汽车不能自行决定去冰淇淋商店、电影院还是商场。一旦指定了目的地，很明显这些汽车就能对路线进行优化、预估行程时间、在拥堵时重新规划路径，以及做很多其他有用的工作。

因此下面这个问题直接影响无人驾驶汽车与它们的使用者或拥有者之间的关系。当一辆汽车造成伤害或干扰时，谁来承担责任，特别是在没有人控制车辆的情况下？兰德公司（RAND）的一项研究证实，对事故责任的担忧是无人驾驶技术迟迟得不到应用的一个主要原因。[41]

钱从哪里来

无人驾驶汽车的商业模式会是什么样的呢？以出租车和优步为例，乘客付费购买搭车前往目的地的服务，不难想象把这种模式延伸到无人驾驶汽车上，只是不再需要付司机的费用了。谷歌本身已经拥有了一个几十亿美元规模的内容导航业务，那么谷歌汽车的乘客会不会同意以收看广告的方式来抵消乘车费用呢？对于人们所节省出来的驾驶时间，哪些公司更急于成为提供内容的中间商呢？

我们很容易把无人驾驶汽车制造商理解成传统汽车厂商的延续。实际上，很多传统汽车厂商都在试验新科技，集成已有的机器人技术（驾驶员警示系统、防抱死制动系统、自动并行泊车）。当乘客的注意力成为汽车相关的资产，会出现什么情况？Comcast 公司收购了在其机顶盒上推送内容的 NBC 环球。索尼公司会不会也把它的家庭影音系统集成到无人驾驶汽车上？那么三星和微软呢？苹果公司已经计划将其智能产品作为附件加装到传统汽车上。最终，无人驾驶汽车的商业模式可能会更接近于电视、智能手机和平板电脑。

出了问题怎么办

无人驾驶汽车的行驶依赖软件，而软件总是有缺陷的。当无人驾驶汽车的引导系统受到天气（雨、雾、雪天、洪水）、路况（坑洞）、道路施工或人类驾驶员糟糕的行为干扰时，将会发生什么情况？用户还能执行哪些操作，是在紧急情况下接管控制权，重启系统，还是推车？在使用无人加油站的 48 个州，谁来为无人驾驶的汽油车加油？

我们将采取什么路径

路径依赖是一股很强大的力量，早期的设计决策将会影响未来的创新路径。无人驾驶的哪一种模式会成为未来的方向呢，是谷歌的无人驾驶模式（把作为硬件的汽车连接到一个大型数据处理平台），还是像传统汽车厂商那样在现在的汽车上面逐步增加新的传感器与运算能力？谁将成为试验小白鼠，是国家许可和监管机构，还是保险商、乘客、销售商？

原有的行业会如何阻挠革新

优步在攻城略地的过程中不得不一次又一次与出租车和大巴车委员会正面交锋。纽约州已经向爱彼迎发起了诉讼。唱片行业游说团体也曾经起诉过网络音乐下载工具。通用汽车为了抑制公共交通，曾经买下并拆除了有轨电车线路。石油公司已经针对替代性燃料的政府补助开展了游说工作。牵涉如此巨大的经济利益和根深蒂固的经营模式，既得利益群体绝不可能轻易妥协。

地理位置将发挥何种作用

在迅速普及无人驾驶汽车方面，我们很难判断哪个地方具有天然的优势。可以确定的是，交通环境越复杂，编程工作的难度也会越大。但是只要具备一般条件的基础设施、良好的蜂窝网络覆盖、必要的财力和投资、适度的法律监管，很多国家都可以启用无人驾驶技术。国家龙头企业——像雪铁龙、米其林、马牌、博世、菲亚特这种本国政府支持的国际知名公司——可以率先在本国开展各种无人驾驶的项目。

成本问题如何

无人驾驶除了在提升安全性上的显著优势外，还可以节省交通时间、降低油耗，那么对于利用无人驾驶上班、前往机场、夜间外出的人而言，他们需要付出多大的成本呢？目前，规模经济的效应还没有体现在核心传感器上，计算平台仍然处在试验阶段，对新操作方式的投资（如对传感器的投资）还没有给传统平台（比如轻量保险杠）带来成本的节省。实际上，目前无人驾驶汽车的机器人系统成本远远超出了汽车平台本身的成本，超出幅度可能达到50%。我们不知道还需要多长时间，无人驾驶汽车的成本才会降低到让初次购车者产生购买意向。当然，为了达到这个目标，我们还需要从商业模式上做出重大创新：如果没有某些附加服务（如“补贴”），无人驾驶汽车不太可能直接与传统汽车竞争。

结　论

关于无人驾驶汽车最大的一个问题，与我们跳出当前的限制、成本和习俗进行思考的能力有关。谁能够以一种全新的视角思考无人驾驶，并彻底重新发明个人出行工具？用 20 世纪 90 年代的计算机术语来说，自动驾驶平台还在找寻它的“杀手级应用”，用一种突破性的架构来解决替代性交通形式的需求。技术进步的速度远远超过了我们消除现有的假设和刻板印象的速度，那么，我们何时才能扭转这种局面呢？[42]

第六章 战争

机器人在现代战争中扮演的角色正在迅速转变，并将在以下方面产生极其关键的影响：战争的发动、战场的位置、双方参战者的改变及其带来的风险。本来就难以界定的战争道德问题，也会变得更为复杂。

动 机

美国国防部的研发机构 DARPA 致力于“在国防安全的颠覆性技术中做出关键投资”。[1] DARPA 的战术技术办公室，作为一个主要关注机器人研究的部门，它的使命就是“迅速开发具有压倒性技术优势的新型作战装备的原型，为美国军队提供决定性的优势和克敌制胜的能力”。[2] 佐治亚理工学院的机器人研究员罗纳德·阿金（Ronald Arkin）指出，战术技术办公室的使命加速了 4 个相互关联的目标的实现。

● 军力的倍增——执行同样的任务所需要的士兵人数更少，单个士兵就可以完成以前需要多人执行的任务。

● 战场的扩大——可以指挥的作战区域较之以前变得更大了。

● 作战半径的延伸——个体士兵的作战可以更加深入战场空间，比如看得更远或者攻击范围更大。

● 伤亡的减少——在最危险和致命的作战任务中不需要士兵的亲身参与。[3]

实现这些目标的几个概念有待我们进一步研究。首先，21 世纪美国战争的一大特征就是“不对称战争”。在装备和动员方面相差悬殊的双方在交战时，都会尽可能发挥自己的优势：美国会部署大量的先进技术，对方则会利用他们的意识形态在当地人群中的强大吸引力。比如说，美国敌对方的意识形态里面可能会支持自杀式炸弹袭击，或者利用学生和医院作为人盾，这在某种程度上抵消了美国的技术优势。与此同时，美国军队中阿拉伯语人才的匮乏，以及军人中普遍缺乏的文化敏感与理解，使他们很难获得当地人“心灵与情感”上的认同。与“二战”中美国对德国的空战和对日本的海战不同的是，当时交战双方在军事理论和武器装备上都更为对等，如今的不对称战争所追求的不仅仅是更好的装备——比如“二战”中的喷气飞机引擎——而是全新的战斗模式。

现在我们来看看“战场扩大”的概念。20 世纪 90 年代提出的“三街区战争”是一种假想的战争模式，它指的是当陆军或者海军陆战部队在假想城市的一个区域进行武装作战，同时在相邻的街区执行维和任务，并在第三个“街区”开展人道救援。尽管这种假想不能充当实际的战略，它也没有包含伊拉克战争中重建国家的关键任务，但我们可以看到经典的军事理论已经不能适应现代战争的复杂性。当战场的区域不再由“占领”土地的一方所定义，武装力量（特别是地面的）所扮演的角色将会发生戏剧性的变化。

“军力倍增”发展到目前的地步，使得现代陆军和海军的构成已经与两个世代前迥然不同。公众对流血冲突的反感已经使得军事预算和军力部署的政策都发生了改变。从 1976 年到 2016 年，军事领域的很多方面都已经截然不同，军事行动的任务从建立法治秩序变为清除炸弹，军事方法从正面战争变成了平叛行动，军事动机从保卫航线变成了打击恐怖主义，作战人士从应征兵员变为包括女性和各种性取向者在内的志愿者。

因此，各种各样的因素推动了军用机器人技术的发展，而且，数十亿美元国防相关经费投入到前沿的机器人科学与技术领域，这就意味着很多与之相似的民用技术将会从这些迫切的军工需求中受益。基于这些原因，为了更全面彻底地理解机器人学，对军事机器人的深入学习是必不可少的。

军事机器人的种类和形式

机器人学在军事领域的应用十分广泛，并且仍在不断延伸。下面的章节并没有打算开列一份机器人军火库的完整目录，只是对军事机器人的基本种类和形式做一个介绍。

空中

尽管掠食者无人机和搭载更多武器的收获者无人机已经用于执行

任务，但就目前而言，无人机主要还是用于空中侦察。各式各样的无人机尺寸大小不一，涵盖了从几磅重的小飞机到大型飞机：既有3英尺（约0.9米）长的手持发射的渡鸦无人机，也有44英尺（约13米）长（相当于一架喷气式飞机）、重达26 750磅（约13 500千克）的全球鹰无人机。在搭载仪器的选择上始终存在着一个两难的问题：一方面，为了保持无人机的轻量化，我们尽可能装配小到可以“忽略”的传感器。另一方面，单一用途的飞机更难以维持在一个合适的战备状态，尤其考虑到目前装备的机器还是多年前采购的，它们可能需要新的传感器。因此，很多无人机的研发都陷入了“需求泥潭”，最终超过了设计的重量，同时牺牲了性能、飞行时间，也花费了更多的预算。

根据国会预算办公室2012年的一份报告，美国军方拥有10 767架载人飞机和大约7 500架无人机。无人机中大部分（5 300架）是美国陆军的渡鸦无人机，这种4磅重的侦察机采取滑翔机式的抛掷方式发射。这份报告还提到，2001年到2013年用于无人机系统（包括“地面控制站和数据连接”）的总经费超过260亿美元，五角大楼用于飞机采购的资金中92%仍然是用在了载人飞机上。[4]在2009年，采购一架F-22载人战斗机的经费可以购买84架掠食者无人机，而且它的培训和操作费用也比载人飞机要低得多。[5]表6－1列出了最常见的无人机类型。

表6－1　　2012年常见无人机种类和性能

名称	用途	长度（英尺）	翼展（英尺）	飞行时间（小时）	飞行高度上限（英尺）
全球鹰	监视	47.6	131	28	60 000

续前表

名称	用途	长度（英尺）	翼展（英尺）	飞行时间（小时）	飞行高度上限（英尺）
掠食者	攻击，侦察	27	49～55	24	25 000
烈火侦察机（无人直升机）	目标命中，侦察，火力支援，态势感知	24	旋翼直径 27.5	最长 8，满载 5	20 000
渡鸦（投掷式）	态势感知	3	4.5	1～1.5	—

下面是无人机与载人飞机和卫星的性能对比。

1. 无人机的一次飞行可以在侦察区域巡弋 24～48 小时，飞行高度可以设定在敌军火力范围之上，能够保证操作人员的安全，并且可以传送高清的实时图像；卫星只能短时间地飞越侦察区域，无法实时地传送高精度图像和其他情报，而且需要提前很长时间做准备。无人机的长时间巡航能力带来了很多便利。它可以对更大的区域进行侦察，对小块区域的侦察可以更加细致，还能够追踪有价值的侦察目标。与其他形式的视频监视一样，它所面临的挑战就是对几万小时的图像进行自动化处理。

2. 与载人战斗机不同的是，无人机可以在距离目的地很遥远的简易机场起飞和降落。正如 P. W. 辛格在《机器人战争》一书中所说的，一架“全球鹰无人机可以从旧金山起飞，花一天时间在缅因州全境追踪恐怖分子，然后再飞回西海岸”。[6]因为操作人员无须进入敌军的领空，从而避免了相关的战略风险和外交争端。

3. 无人机和载人飞机一样可以执行多种空对地任务，同时又能保证操作人员的安全，因为机械结构更加简单，无人机执飞和待飞时间比更高。以 F-22 战斗机为例，根据《华盛顿邮报》2009 年的报道，它每飞行 1 小时需要 30 小时的维护时间，[7]而掠食者无人机在执行边境巡航的时候，每飞行 1 小时只需要 1 小时的维护时间（战备状态的数据还不清楚）。[8]事实上，在无人机采购和运行上的投入所产生的回报要远远高于载人飞机；在目前国防开支不断缩减的情况下，载人飞机虽然有着空中作战的优势，但是代价过于昂贵，特别是考虑到过去 40 年里空对空作战的情况已经少之又少了。

4. 航空学校培训一名飞行员需要花费大量时间和金钱，达到一定飞行时间的要求；相比之下，培训无人机操作人员所需的时间和费用都会少很多。无人机可以不知疲倦地执行单调的任务，比如按固定的航线在一大块区域进行巡航（类似农民耕地的方式），而人类飞行员很容易对此感到厌倦，飞行的精度也比不上无人机。因为无生命物体比人类飞行员所能承受的重力更大，无人机最终将会超越载人飞机。而且无人机可以直接进入危险地带（辐射区域、火山喷发地带和敌军火力范围），避免飞行员承受相应的危险。事实上，在特定形势下，我们可以付出牺牲一架无人机的代价，诱导敌方的防空炮火开启追踪系统，从而使我方可以对其定位，这在战略上是完全可行的。

5. 无人机具有质量轻、引擎小的优点，这使它们的部署更简单，侦测更困难，成本也更加低廉。小型引擎意味着低噪声、低污染、低油耗和更廉价的低规格配件。不需要考虑驾驶舱里的飞行员，这无疑简化了飞机的设计，也减轻了重量，最大限度地把所有资源（包括燃油）用于侦察或武力巡航。

海上

就目前而言，相比空中和地面，无人载具更难应对的是海洋环境，所以相关报道也很少。海水具有极强的腐蚀性；风力、潮水和洋流使得自动化航行尤为困难；雨雾天气在任何环境里都会影响机器人的传感器；波浪构成了对敏感电子元件极为不利的物理环境；海上船舰的无线电接入受到限制，特别是那些水下设备。[9]尽管如此，无人船舶的发展前景仍然十分看好，它可以用于海底监测和地形绘图之类的枯燥工作，也可以执行水雷探测和引爆之类的危险任务，有一些计划正在进行之中。到目前为止，海军的无人机产品比其他军种都要少，原因是多方面的，有些是技术问题，有些是历史因素，还有一些组织上的原因。

无人水下舰艇（Unmanned Underwater Vehicle，UUV），也称为“自动水下舰艇”（Autonomous Underwater Vehicle，AUV）必须能够独立运行（因为无线电信号的限制），它必须配备一个适于无人操作的低噪声动力源，还要防止被敌人捕获或篡改其用途。因此，武装无人艇还是一个长期目标，不过用于监测和排雷的无人艇在近期内是有望实现的。比如 Remus 无人艇就是挪威一家公司用鱼雷改装的，见诸报道的还有从传统潜水艇上发射的小型无人潜艇。由制造 Remus 的公司开发的 Seaglider 无人艇，不需要电动马达，靠改变自身浮力来获得动力，因此可以连续数月在海上采集数据，并从海面向卫星传输数据。[10]与其他任何地方一样，科学数据采集和军事应用之间的界线有时并不清晰，但是，迄今为止，大多数的无人水下舰艇还是以科学研究为目的的。

一种新型的水下无人舰艇正在进行海上测试。这种名为 Proteus 的水下无人舰艇重达 6 200 磅（3 100 千克），长 25 英尺（约 7.6 米），既可以自动航行也可以人为操控。它可以搭载海豹突击队员、小型炸弹和其他货物。理论上，Proteus 充一次电可以航行 900 英里（约 1 449 千米），最高速度 10 节（18.5 千米/时），并可以下潜到约 100 英尺（约 30 米）深的水下。[11]

水上无人艇（Unmanned Surface Vehicle，USV）Spartan Scout 全长 36 英尺（约 10.8 米），时速达到 50 英里（约 80.5 千米）。与从事水雷清除工作的 Remus 相比，装备了一系列传感器的 Spartan Scout 更适宜执行侦察任务，借助其携带的 50 口径机关枪、扩音器和麦克风，它还可以对水面的可疑船只进行远程盘查。2003 年的伊拉克战争中，Spartan Scout 在波斯湾投入使用。[12]以色列海军也宣称其装备了第一艘水上无人艇 Protector，它是一艘 30 英尺（约 9 米）长的刚性充气艇（现在已经有 10.8 米的型号），用于监测和侦察任务。[13]

陆地

过去 15 年里地面机器人系统取得了飞速发展，出现了各种不同类型的机器人。区分这些地面无人载具（Unmanned Ground Vehicle，UGV）的方式之一是看它们采取什么方式移动：其中一种使用车轮或踏板，另一种使用机械足的行走式。

车轮式

世界上最大的机器人载具是一台 700 000 千克重的翻斗车，目前用于非军事用途的采矿作业。用于军事补给和侦察的“大地巨人”无人驾驶卡车比它要小得多，实际上按采矿业以外的标准来看，它也可以算是大型设备了。它的重量和其他规格参数目前还不清楚，但是其多个控制系统（油门、刹车等）已经采用了“线控驾驶”技术，可以随时转换成遥控或自主驾驶模式。

微型地面无人载具的代表就是波士顿动力公司的沙蚤跳跃机器人，自重 11 磅（约 5 千克），它的气体活塞装置可以使它跃起 30 英尺（约 9 米）落在房顶。陀螺仪稳定器可以让沙蚤的朝向和机身在跳跃过程中保持平稳，以获取有效的视频影像。尽管目前沙蚤机器人的版本只是用于侦察目的，但在相似平台上开发一个“智能手榴弹”也并非难事。

履带式

履带式无人车从 2001 年起就应用于中东战事的前线地带。两家从麻省理工学院独立出来的波士顿公司生产了大部分的履带式无人车。其中一家公司 iRobot 生产了背包机器人 PackBot（见图 6－1），它是一款 24 磅（约 11 千克）重的遥控履带式无人车，用于探测和拆除数以千计的简易爆炸装置（IED）。新一代的背包机器人和同类产品在侦察设备的基础上，增加了机械臂和抓手，用于搬运小件物品、拆除或安全引爆爆炸装置。其他型号的产品增加了各种传感器、摄像头和软件配置，使其具备火力定位（用于定位狙击手），危险品、毒气和放射性探测，以及人脸识别的功能。仅在 2013 年，伊拉克和阿富汗战场就部署了 2 000 个此类装置。[14]

比 iRobot 更早从麻省理工学院独立出来的另一家公司是 Foster-

图 6-1　背包机器人

Miller，目前已被 QinetiQ 收购，成为其名下企业，它也在开发履带式的战场无人车。TALON 无人车比背包机器人体型更大，重量约为 125 磅（约 57 千克，根据配置情况不同而有变化），速度更快，配置更加丰富。值得注意的是，TALON 无人车的 SWORDS（Special Weapons Observation Reconnaissance Detection System）版本已经可以搭载有限的武器装备（见图 6-2）。[15]可供选择的武器包括步枪、猎枪、机关枪和榴弹发射器。

尽管普遍认为 SWORDS 是第一款投入实战的武装无人车，但这种履带式战车在现实中比较常见的应用场景是冲进可能设有陷阱的建筑，或者深入洞穴，或者提前绕过墙角避免让士兵直接暴露在危险之中。有时候，无人车会携带榴弹或其他武器进入敌军阵地，有时候它们的自我牺牲可以挽救其他人的生命。

图 6-2　QinetiQ 的 SWORDS 版无人车

更多不同样式的履带式无人车还在不断涌现。iRobot 公司的 FirstLook 无人车只有 5 磅（约 2.27 千克）重，它可以通过向窗口投掷或其他部署方式充当士兵的侦察工具；ReconRobotics 的 Scout 无人车重量只有 1 磅（约 0.45 千克）多一点，它的重金属车轮足以撞碎玻璃，安全投掷距离超过了 100 英尺（约 30 米）。Scout 着陆的时候可以自动回正，它和 FirstLook 一样通过无线网络传输视频画面，美国陆军在 2012 年 2 月订购了 1 100 辆这种“投掷式机器人”。[16] 和其他侦察机器人一样，经过战争的检验以后，警察、消防和特警等公共安全部门很快也装备了 Scout 无人车。

行走式

除了上面所说的这些以外，还有一种正在兴起的陆地机器人可能代表了未来战争机器人的发展方向，那就是行走式机器人。美国国防部的智库 DARPA 一直在推动行走式机器人的研发，包括为波士顿动力公司提供支持，这也是一家从麻省理工学院独立出来的公司。公司的宣传视频非常震撼：它们的猎豹机器人在跑步机上走动的速度达到了每小时 29 英里（约 47 公里）；LS3 机器人，一头机器骡子，展现了极其出色的越野能力，只是噪声跟割草机一样大。

2015 年，为准备 DARPA 的机器人大赛波士顿动力公司开发了一款新的人形机器人（Atlas II），这次大赛的目的是应对类似福岛核电站事故的核灾难场景。

参赛的机器人需要爬过废墟，承受住高温、辐射等不利条件，同时还要操作核反应堆的阀门、控制杆等操控设施。在一个为人类设计的环境中活动，它们还必须能打开各种门把手、使用工具和执行复杂任务。[17]对于没有足够资源来自行开发硬件的参赛队伍来说，他们可以利用 Atlas 机器人和它的前身（见图 6－3）作为共享的硬件平台。

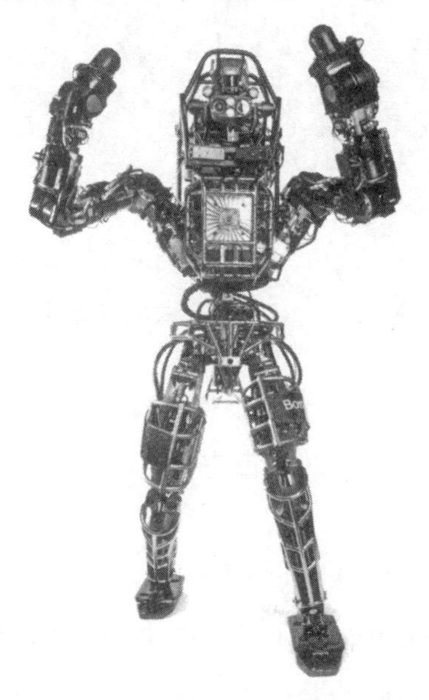

图 6－3　参加 DARPA 机器人大赛的最初版 Atlas

其他的仿生结构机器人也在同步发展：为了满足战场环境对灵活性与机动性的更高要求，多足式爬行机器人应运而生。波士顿动力公司的 RHex 机器人（见图 6－4），它用于爬行的 6 条腿其实是用胎面材料做的硬弧，重量约为 30 磅（约 13.6 千克），可以通过极端障碍路面。实际上，恐怖分子已经开始把简易爆炸装置藏匿在沟渠和涵洞这些履带式机器人无法进入的位置，而 RHex 正好可以通过这种狭小的空间。[18]

图 6－4　RHex 多足式爬行机器人

自主性

目前为止，公众最为关注的还是由人类通过视频连接远程控制的大型无人机。更小型化的自主无人机（如渡鸦无人机）则可以按照 GPS 标注的航路飞行和自主降落，但它们只能搭载一些传感器。美国海军已经开发出能成功在航空母舰上自主着陆的下一代半自动无人机（X-47B），攻克了航空领域最困难的问题之一。除了自主起飞和降落，自动瞄准和开火的武器也已经引起了一些争议。Phalanx舰载反导弹系统的核心是一个机器人系统，它负责侦测近程导弹，并操作每分钟4 500转的加特林机枪向其开火，因为导弹袭击的速度很快，Phalanx系统的运作基本上不需要人类干预。（因为其独特的外形，Phalanx被美国海军称为“R2D2”，英国海军则称其为“Dalek”。）无论如何，对于向人类开火的自主机器人，人们还是感到非常担心，不管它是装在舰载无人机上还是陆基平台上。

杀伤性机器人系统和它的人类操作员之间的关系可以分成三种基本的类型。第一种是“人类直接操控”，即由人类监视无人机或其他设备提供的信息，一旦达到开火的标准，再由人类直接发出开火的指令。第二种是“人类参与操作”模式，在无人机处理完信息并自动识别目标之后，人类可以撤销机器人的指令。在将来，第三种将会是“无须人类干预”的结构，它允许机器人武器在没有人类干预的情况下自动侦测、选择目标并向其开火。

全自动武器具有很多优势。在形势紧张的边界或其他地区，全自动武器最大限度地降低了人类操作员在偷袭中伤亡的可能性。在朝鲜和韩国的边境线上，已经部署了由三星集团某部门开发的武装机器人。与人类相比，机器人不打瞌睡，不畏艰险，也不会“入乡随俗”。

佐治亚理工学院的机器人学家罗纳德·阿金正在协助美国陆军、海军和其他机构开发自主机器人。他认为机器人可能比人类更适合充当士兵的理由有6点，我把它们归结如下。

1. 因为机器人不需要“你死我活的丛林法则”，比起人类士兵在训练营和战场上学到的那些法则，它们的算法可以更加保守。也就是说，机器人战士可以按照程序设定牺牲自我，但是如果要求人类士兵也这样做的话，在道德上和实践上都很困难。

2. 机器人的传感器组件最终会胜过人类的感觉器官（更可靠、更全面、更充分，还可以借助传感器网络的优势），特别是那些在战场上受到惊吓、容易迷糊的士兵。

3. 人类士兵在攻击目标的时候难免受到报复心、恐惧和歇斯底里的影响，而机器人是没有感情的，就不存在这些问题。

4. 行为心理学有力地证明了人类在认知上的偏差：我们总是看到我们想看到的，或是害怕看到的东西，即使它根本就不存在。而机器人就没有这种偏见。

5. 机器人传感器整合了更强大的处理能力、更先进的算法，尽可能地避免了信息过载，这使得机器人战士比人类士兵更有优势。

6. 机器人可以保持中立。在人类和机器人混编的队伍中，如果由机器人充当行动的观察者和记录者，有助于对人类违背伦理和违反其他纪律的行为进行检查。[19]

但是，阿金也很坦率地承认机器人战争可能会存在道德缺失的问题。毕竟我们才刚刚开始接触机器人战争相关的技术、政治、运作和人权议题。像人权观察[20]和联合国[21]这些相关组织也已经提出了中肯的反对意见。[22]

● 谁来评估机器人战争给平民带来的危险？人类的判断力总是受各种因素的影响：错误或缺失的信息、欺骗、不恰当的叙述方式。

● 我们应该如何辨别和对待人工智能规则引发的局限？比如在很多阿拉伯国家，人们在婚礼和庆典中会朝天鸣枪。不难想象，自主无人机将会锁定开火的 AK-47 并进行回击。尽管这只是假想的情况，但是真实的案例已经出现了：据报道，2008 年美军的一次空袭杀死了阿富汗一个婚礼送亲队伍中的 47 人，包括 39 名妇女和儿童。阿富汗的一项调查显示，死者中间没有任何与基地组织和塔利班有关的人员。[23]美国方面的调查则至今没有公布。

● 机器人是否能够识别投降信号并做出回应，以及战败的士兵是否会向机器投降？在某些文化中投降是一种懦弱的行为。

● 如果自动化武器出错了由谁来负责？机器人制造商？给机器人编程的程序员（们）？操控员还是负责操作或监管机器人的视频分析师（他们有可能只是军事承包商而不是战斗人员）？[24]行动主管还是总指挥官？

● 随着军事人员伤亡概率的降低，我们是不是会更容易发动战争？

● 如果启动战争就像华尔街高频交易一样成为一个微秒级的决策，情况会发生什么变化？如果战争变成了算法之间的较量，先发优势可能会成为决定胜负的关键因素。

● 如果交战国可以在保证自身安全的情况下杀死敌方战士，这样的战争是否公平呢？[25]

● 面部识别、致命和非致命性武器（如橡皮子弹和声波武器）、潜在的无线电干扰、信息误报和漏报，诸如这些技术问题是否能够真正得到解决？

● 如果机器人否决或拒绝执行人类的命令，或者人类质疑电脑的决策，又会出现什么情况呢？1988 年，美国海军巡洋舰文森斯号列装了一个早期的自动制导系统“Aegis”，它当时驻扎在伊朗海岸附近，“Aegis”攻击了一架民航班机并炸死 290 名乘客——尽管这个系统是有人类参与操控的。考虑到当时这个地区的紧张局势与信息匮乏，我们有理由相信，操作员决策的时候肯定担心过：如果不允许系统发射导弹，就有可能会错过一次防御敌军袭击的机会。

● 如果出于政治、社会心理或其他不可预计的原因，我们否决了机器人的决策，或者机器人没有服从人类的操控，又会出现什么情况呢？如果出现《奇爱博士》（*Dr. Strangelove*）中那样的场景呢？[26]

● 被机器人军队击败的一方将会做出什么反应？

● 当发生战斗机器人被利用的情况时（不仅是假设），会导致什么后果？以前美国掠食者无人机的视频信号加密措施不是很有效，所以很容易被敌方截获。我们已经在微型处理器里面发现了嵌入的隐藏软件，[27]所以有理由相信机器人可能被黑客截获或破坏，利用它来进行反击。

产生的后果

无人机在战争中的使用已经产生了一系列意想不到的后果。下面所举的这些例子仅仅是目前已经出现的各种问题，未来的情况无疑将会变得更为复杂。

1. 越南战争很大程度是由电视网络上晚间新闻播出的影像所建构的，因此又被称作“客厅战争”，随后的第一次海湾战争则被称为

"任天堂战争"，充斥了各种导弹和智能炸弹轰炸伊拉克目标栩栩如生的夜视影像，最新的伊拉克与阿富汗战事更是在 YouTube 上为公众提供了大量无人机拍摄视频。越南战争中让人不安的美军影像曾经使公众意见转向反对林登·约翰逊（Lyndon Johnson）总统和继任的理查德·尼克松（Richard Nixon）总统，但是从伊拉克和阿富汗传回的"战争视频"却使美国公众更加支持美国，通常由美国军方发布，每一部都能吸引上百万人次观看。[28]

2. 无人机的操作员身处战场千里之外的小隔间里，人身安全得到了充分的保障。但是他们所受的精神伤害仍然是一个未知数。[29] 在连续 12 小时远程作战之后，他们又在家人的期盼中回归平静的郊区生活，这无疑是一种折磨。另一个问题是：无人机操作员之间缺少"兄弟连"式的集体凝聚力，那种同甘共苦的袍泽之情可以有效缓解他们工作中的紧张情绪。对他们来说，亲眼看见友军遭遇伏击而无法施以援手是一种极为痛苦的经历。[30]

3. 无人机的战术和战略优势也传达了不同的文化意涵。使用无人机进行杀戮的做法，固然免除了操作员的伤亡风险，但美国的敌人可能并不仅仅将其视作技术上的取巧，更多是将其当成一种懦夫行为。用印度穆斯林作家 M. J. 阿克巴（Mubashar Jawed Akbar）的话说："在战争中，如果没有流血牺牲的决心，你就是一个懦夫。"[31] 因此，这种保护美军战士的技术可能也会激起敌人更强烈的反抗，并给新的反美信仰与行动赋予合理性。

4. 如果你曾经被手机信号干扰和中断搞到火冒三丈，那么在军事交火中识读射频信号环境将是一项艰巨的挑战。考虑到大量无线电能量的产生和消耗——以加密通信、GPS、即时影像、多种技术侦察手段和雷达的形式，以及由此产生的信号拥堵——战争中的信号干扰必然会极其严重。[32]原本在受控试验中运行良好或基本正常的通信在战场的数据迷雾中可能变得非常困难甚至根本无法实现，尤其是在缺乏共用的基础设施的情况下，还需要对数据进行加密，将会使简单信息的数据量成倍放大，进一步增加了对基础设施的需求。关于无线控制、监管的创新和自动化设备的拥堵将会是未来机器人战争中被低估的一个方面。

结　论

纵观人类历史，战争与冲突曾经推动了重大的技术进步。我们随手就可以举出火药、汽轮船、飞机、核能、全球卫星定位系统和互联网的例子。和此前的军事设施一样，无人载具同样会是一把双刃剑。比如说，无人机可能会改变人道主义救援的方式，足式机器人可能会成为超级消防员或救灾人员。同样，机器人杀手也可以用来追击毒枭、宗教极端分子和问题少年。随着机器人实验室的研究推进和机器人开始进入大规模生产，相关问题逐渐浮出水面，全世界的政治家、立法者、法官、陪审员和普通公民的当务之急就是为这些社会议题设定一个讨论框架。

第七章　机器人与经济

虽然装配线上的机器人投入使用已经将近半个世纪了，奇怪的是我们对机器人与生产率和就业的关系仍然知之甚少。随着机器人的使用范围从装配线延伸到供应链，并最终进入服务业，受此影响的人越来越多，因此相关的话题也将逐渐进入大众视野。

机器人抢了人类的饭碗吗

有一个这样的思维实验：假设你是 1890 年的一名工程师，请你预测 1920 年时纽约市的马粪总量。如果你用直线思维来推算的话，结果肯定是一个惊人的数字，但后来的实际情况并非如此：汽车的发明改变了交通的外部效应，1920 年的纽约并没有出现堆积成山的马粪，而是出现了郊区、麦当劳餐厅、高速公路，以及汽车带来的其他各种副作用，它们的影响从 1930 年开始，延续了整个 20 世纪，直至今日。

同样的情形也适用于我们今天对信息技术和即将到来的机器人技术造成失业影响的预判。例如，我们想当然地认为自动柜员机会造成银行柜员的失业，奥巴马总统在 2011 年的一次演讲中就做出过这种暗示。而实际情况却恰恰相反：在自动柜员机技术诞生的前 20 年里，美国银行柜员的数量大约从 450 000 人增加到了 527 000 人。当然，如果没有自动柜员机，银行柜员的数量也许会增加得更多，这一点我们无法证实。[1]机器人技术对汽车行业就业的影响也是如此。造成底特律失业问题的原因有很多，我们不能单单把机器人作为一个决定性因素。造成失业的原因包括：日本和韩国汽车业的崛起，某些国家出于保护民族企业目的而对汽车厂商给予长期的补贴，汽车保有量的下降，中西部工业区强大的工会组织，汽车三巨头的养老金和医疗开支。

自助式加油站和自动柜员机只是人机协作的早期范例。自助服务——包括亚马逊网站、加油站、机场电子值机柜台、自助结账和那些顾客不知不觉做了服务员工作的地方——肯定对就业产生了影响，但是这种长期潜移默化的影响难以准确估计。机器人对就业的影响很难加以量化，特别是我们在计算时必须把机器人的相关工种考虑进来，比如机器人的人类操控员、技工、程序员和其他操作人员。原始就业数据的价值相当有限，它们需要有可资对比的参照系，但在 GDP 和全国性就业数据的层面上，我们根本不可能找到对照人群。

但我们还是应该重视迄今为止的重要发现：与农业工业化过程中的农民向城市转移不同，关于计算机对工作和就业的影响，我们几乎没有明显的指标，与机器人相关的就更是少之又少了。机器人是不是增加了失业？没有人真正知道答案。麻省理工学院的埃里克·布莱恩约弗森（Erik Brynjolfsson）和安德鲁·麦卡菲（Andrew McAfee）在《与机器赛跑》（*Race Against the Machine*）一书中指出，数字创新的速度之快、范围之广，已经使得大多数个人（技能与知识增长缓慢）和机构（商业活动与业务流程的转变也不够快）无法跟上变化的节奏。[2]所以，2008 年经济衰退以来的“失业型复苏”不能归咎于信息技术——但是也不能说它们就一点儿关系都没有。

有一种观点认为，信息技术发展和美国劳动力的空心化是同步进行的，而前者可能正是导致后者的罪魁祸首。有充分证据表明，中产阶级的收入增长已经陷入停滞，造成这一现象的原因可能有很多种。其中之一就是计算机接手了越来越多的复杂工作，取代了以前主要从事这些工作的人。比如说，薪酬管理对企业来说是必不可少的职能，但是即便做得再好，它也不会给企业带来竞争优势，所以现在普遍通过薪酬服务外包的方式交给 ADP 这样的公司来打理，导致工资结算员这个职位已经濒临灭绝了。

麻省理工学院的经济学家戴维·奥托（David Autor）主张，当一项新的工作任务出现时，往往需要人类来从事，因为人类可以调适、分析和随机应变。当这项工作已经明晰和规范化以后，机器就可以接手了。“中间漏洞”指的是那些介于低薪强体力和高薪高脑力之间的可替代性较强的工作。[3]遗憾的是，那些工作被取代的工人很难在新的领域重新就业。经验表明，这些工人既无法异地就业（有时是家庭原因，有时是资不抵债的按揭贷款），并且受限于他们的专业技能、人际网络或收入预期，也无法找到符合其技能的工作。人们需要做出艰难的调整才能避免向下流动的趋势。[4]

机器人取代的职位会不会超过它所创造的就业

讨论这一问题时我们一直援引的经济理论表明，技术创新节省了人力，可以让工人转而从事附加值更高的工作：有了马匹和后来的拖拉机，农民就不需要再徒手耕种小块土地了，他们可以在更大面积的土地上进行作业。今天，大约占美国人口2%的农民不仅养活了另外98%的人口，还出口了大量农作物与食品。这一比例在100年前是根本无法想象的。

麻省理工学院的奥托提出了一个重要的观点：某项工作可以自动化并不意味着它必须自动化。在同一个行业，实际上也是在同一家公司内，是否自动化生产取决于劳动力成本：尼桑汽车公司在日本工厂使用的机器人就比在印度工厂要多，因为印度的劳动力成本低得多。[5] 2013年日本的失业率是4%，而美国是7.4%。同一年国际机器人联盟报道，在普通劳动力中，日本平均每10 000名工人就有323个机器人，美国平均每10 000名工人有152个机器人，10年前这个数字还是72。[6] 因此，宏观层面来看，日本劳动力中机器人所占比例比美国的两倍还要多，但是失业率仅相当于美国的一半。至少从这个例子来判断，我们很难得出机器人必然导致高失业率的结论。

但是日本经济与美国经济在很多方面都不尽相同。两个国家的民族多样性、人口密度、采掘行业（采矿、种植、渔业和能源业）和进出口比例都有很大的差距。日本的老龄化速度更快，并且很少接纳移民。两国之间迥异的文化环境决定了两国对待机器人的不同态度。仅仅拿日本的例子来断定机器人不会推高失业率未免过于草率。我们不难想象这样一种情况，正是因为有机器人作为“劳工后备军”，才维持了工资下行的压力：得知尼桑已经准备在工资足够高的时候采用机器人之后，印度汽车工人就很难组织起罢工了。

工厂

目前机器人在美国劳动力中的使用情况究竟如何？鉴于汽车行业在机器人利用上的领军地位，通过考察汽车行业就可以窥一斑而见全豹了。迄今为止，机器人的表现还是非常像机器工具，从事已经预先编程好的重复性工作：移动重物、喷漆上色或者在装配流水线上组装零部件。机器人通常是固定式的，机身很重，用于特殊目的，并且安装了保护人类的防护栏。

正在兴起的一些趋势预示着新一代机器人工人的采用。回过头来想想 2012 年面世的 Baxter 机器人。与传统工业机器人不同，它相对比较便宜（约 25 000 美元），对人类也没有危险，编程简单，功能丰富。它的目标市场是小型企业，机器人在那里可以把工人解放出来去做更有趣、更有价值的工作，而不必从流水线上取下产品然后将它们放进大储藏箱或运输箱中。除了替代人类从事重复性的枯燥工作以外，Baxter 被设计成人类工作流程中的一部分：这和流水线机器人不同，流水线机器人有可能致人死亡，Baxter 可以感知触碰，从而避免伤及人类。

供应链

在供应链机器人系统里还可以看到另一个趋势，最明显的例子来自一家2012年被亚马逊收购的波士顿公司Kiva，现在叫亚马逊机器人公司。Kiva机器人是人机协作的完美典范：一方面，人类的视觉和大脑在模式识别上远远胜过机器人，人类双手的触觉、适应性、灵敏性也比现在的机器人抓手强很多。另一方面，机器人比人类更擅长从事重复性工作、移动重物和按预定模式跟踪地面的条码标签。所以Kiva机器人并不直接接触货物，而是把放有零售商品的整个架子从供货区运到仓储区，从仓储区再运到分拣打包区。工人不需要在大型配送中心内远距离走动，机器人也不需要从事视觉判断或小件抓取之类的高难度工作。[7]

鉴于亚马逊公司不按常理出牌的行事风格，值得我们注意的是，它在快速扩张的全球配送中心网络中并没有全部部署Kiva系统。除了大型公司并购过程旷日持久这个原因外，另一种可能的解释是，相比Kiva机械系统本身，亚马逊更感兴趣的是它背后的软件复杂性。[8] 2007年的一篇文章对此有所阐述：Kiva仓库是自动调节的，它会把滞销商品移到较难获取的位置，同时快销商品则储存在库区的边缘。因为Kiva机器人全天24小时工作，在下班时间搬运滞销库存的任务，就可以直接交给软件来处理，而不需要经理人把货物的优先级调来调去。这篇文章的标题是“随机存取仓库”，正好准确地说明了这一点。[9]

大趋势

对经济史的一种解读认为：当一项工作被机械化或自动化的方式

取代，原来的从业者就会以新的方式重新就业。举一个著名的例子，在 1970 年美国 1/3 的工作女性从事的是文秘工作。随着个人电脑和文字处理软件的出现，文秘岗位的需要大幅减少，但是工作女性的总人数却增加了。

1992 年，罗伯特·赖克（Robert Reich，后来在克林顿政府时期担任劳工部长）预言发达国家将会出现一个三级劳工市场。[10]赖克把私人服务工作划为第一级（如医疗和零售行业），第二级是衰退的制造行业中的产业工人，他预见了第三级劳工的崛起，称为“符号分析师”。第三级包括金融服务、工程、软件和法律行业，这些行业的人数在经历了快速增长后，其工作正在被自动化方式取代：大数据工具取代了人类，在信用评级和解读胸部 X 光片等方面，人类的表现还赶不上机器。就像《经济学人》杂志 2013 年 5 月刊中所说的：“数以千计的银行职员和旅行代理商已经被扔进了垃圾桶，接下来就会轮到教师、研究员和作家。”[11]会计和法律工作一方面在向海外转移，另一方面也被自动化所替代：以往需要大量人力的法律取证工作收费高昂（对客户来说）又有利可图（律所合伙人通过副手和法务助理赚取大量计费工时）。现在大部分取证工作可以通过软件完成。[12]

在赖克的预言抛出之后，美国的收入不平等程度进一步加剧（见图 7-1）。前 20%人口的收入主要是由前 5%，甚至是 1%的人口收入所推动的：居于中间的一个有两名公立学校教师的家庭年收入大约是 140 000 美元，但是中等收入群体在这里并不是推动力。很多经济学家指出，巨大的收入所得以及收入差距的扩大，原因是资本回报相比劳动回报越来越高。[14]从 1970 年开始，生产率增长与工资增长之间

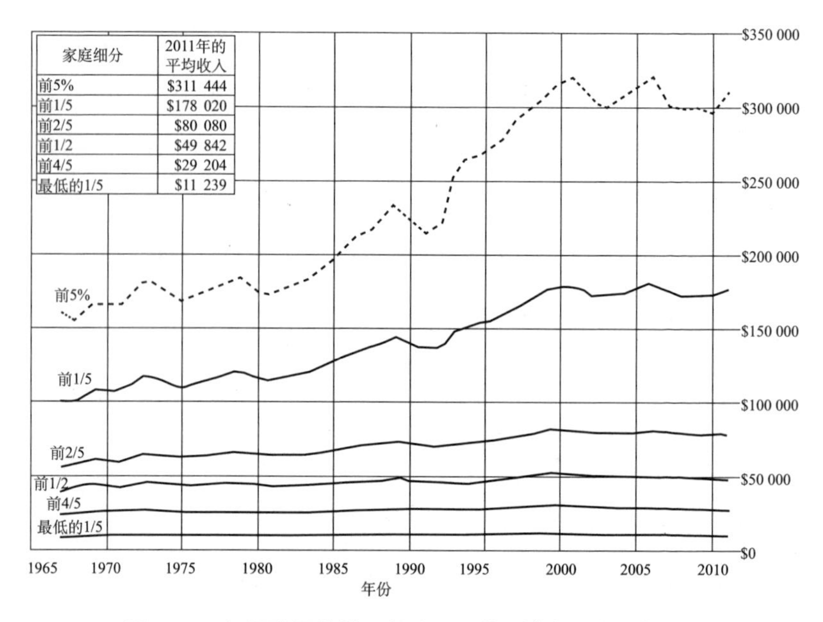

图 7-1 经通胀调整的五段分组及前 5%的平均家庭收入

资料来源：美国人口调查局。[13]

的差距逐渐拉大，与此同时，投资回报的增长大幅超过了工资收入的增长。换句话说，诸如对计算机和其他形式的自动化工具上的资本投入提高了生产率，由此带来的累积利润主要贡献给了资本所有者而不是工人（见图 7-2）。

一方面是复杂工作的自动化程度不断提高，另一方面相对于工资收入的资本回报不断增长，结合这两个趋势来看，机器人的出现对工人来说是一个噩耗。造成这种负面形势的原因有以下四个方向上的发展。第一，得益于规模经济、学习曲线，以及微处理器性能的摩尔定律，机器人的价格逐年降低。第二，随着软件工程、机器视觉和其他方面的不断提升，以及高水平国防研发的向下渗透式创新，机器人的

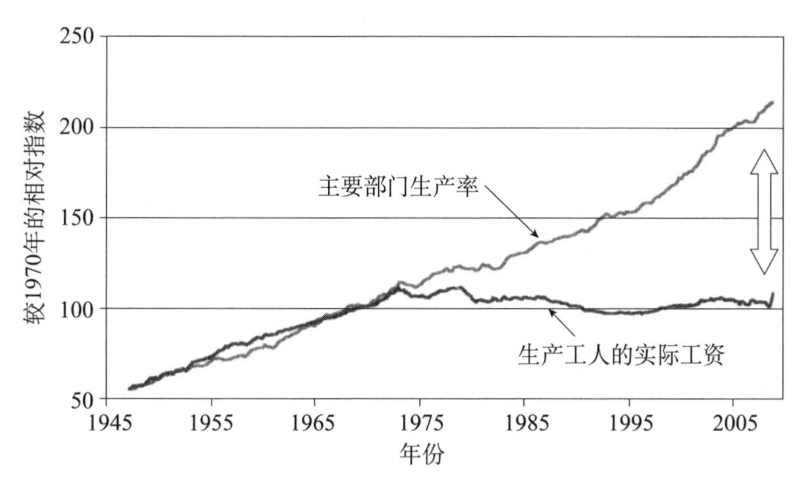

图 7-2　20 世纪 70 年代工资不再随生产率增长而提高

资料来源：美国劳工统计局。[15]

功能逐年增强。第三，尽管工资增长缓慢，但是不断增长的医保和其他人力成本（如空调费用）使得人力开支逐年攀升。第四，正如卡耐基·梅隆大学的 I. R. 诺巴克什所指出的，机器人不需要和人表现得同样出色，它只要够用就可以了。与机器人协同工作，人类将会学着如何最好地利用机器人的长处，弥补其短板。例如，当机器人卡壳时提供非机器视觉；设计顾客自己操作的自助结账通道，这样只需要一个雇员就能监管六个柜台，而不用每个柜台安排一个人操作。就像我们克服学习曲线一样，商业流程将会围绕人类和机器人各自的优势重新进行设计。[16]

由于低收入工人和失业人员通常缺乏人力资本和金融资本，最先拥有机器人的很可能是资本方而非劳工。这又会间接地拉大收入差距。定量金融服务的投资人可以通过计算机编程、交易网络和其他机器人技术进一步增强自己的专业技能。放射科医生很可能会是胸部X光片筛查软件的最早使用者，并把该工具的使用控制在行业内部。

其他的预测则更为乐观：总会有足够的工作提供给大部分的劳动力。反正采用机器人的那些工作也是人们不愿意做的，人们经常用3个以D字母开头的单词形容这些工作——Dumb、Dirty、Dangerous，即呆板、肮脏、危险。从过去的经验来看确实如此，机器人在这些方面已经有很多成功的测试和应用，[17]比如机器人拆弹、在福岛灾难之类的事故中进行救援、重复性的流水线作业，甚至包括打扫客厅。有一种观点认为人类将会有更多的闲暇时间来探索兴趣、发挥特长。《连线》（*Wired*）杂志的创刊编辑凯文·凯利（Kevin Kelly）这样写道：

> 我们必须让机器人来接手工作。它们将从事我们一直从事的工作，并且将比我们做得更好。它们将从事我们根本不可能做的事情。它们还将从事我们甚至从未想过要做的事情。更进一步，机器人会为我们找到新的工作，这些工作将让我们更强大。它们将让我们专注于更加人性的事情。[18]

学院派的机器人学家在表达他们观点的时候，通常也会加入这个阵营。佐治亚理工学院的亨里克·克里斯滕森（Henrik Christensen）在业内十分权威，尽管他不是劳工经济学家。他断言，从境外转移回美国的每1个制造业岗位（通常这种转移是机器人技术带来的）将会产生“1.3个相关领域的工作岗位”。[19]机器人的优势——低成本、高精度，支持“打扫房间”之类的辛苦工作——让这个数字更为可信：

即使产品是机器人生产的，这些产品的制造仍然需要有人参与的环节，如购买、记账、维修和营销。

然而就业问题并不仅仅是一个数量上的问题。弗兰克·利维和理查德·默南是研究信息技术对工作影响的劳工经济学家，他们指出，为了解释“介于人和计算机之间的新的劳动分工”，我们必须回答“四个根本问题”：

1. 哪些工作上人类比计算机表现更出色？

2. 哪些工作上计算机比人类表现出色？

3. 在日益计算机化的世界里，还有哪些高薪工作是人类现在和将来都可以做的？

4. 人们应该如何学习从事这种工作的技能？[20]

给汽车车门安装把手的装配线工人被机器人替换下来以后，并不能填补护士行业的空缺，也没法去当机器人程序设计师、维修员，甚至是清洁工。也就是说，那些被机器人取代的工作虽然原来不见得有多体面，但它至少还是一份工作，而且重新就业也不是那么容易。雇主们经常把“技能差距”挂在嘴边，迫使学校和大学不断更新课程，这也是一种现实考量。但是宾夕法尼亚大学沃顿商学院的彼得·卡佩利（Peter Cappelli）注意到雇主对员工培训则是绝口不提。[21]（另一个问题是，雇主过于依赖不靠谱的简历筛选软件，可能人为地拉高了失业率。）[22]所以，机器人对就业的影响带来了很多二级效应，而且我们在短期内很难预计它们所产生的影响。

因为在经济领域里很少有什么东西是完全等价的，尤其是在就业领域，基于两点原因我们可以把机器人取代就业这个议题先搁置起来。首先，机器人定义的不明确使这个问题更加复杂，任何与工具有关的或者任何人造的东西都有可能被归为机器人。其次，机器人取代人类就业的过程可能比大部分分析人士所预期的要长很多。在 2013 年年中，全美就业人数是 14 390 万人，而同期失业人口是 1 176 万人。稍微算一下就可以知道 2013 年中期的失业率是 8%，经过技术调整之后官方失业率是 7.6%。有几类人没有包含在这些数据里面，一是不再寻求就业的人；二是想要并且需要获得全职工作，但实际上从事兼职工作的人；三是退休人员，其中有一部分是被迫退休的。另一个群体是没有工作在领取残障金的人，每个月有 1 400 万人。残障申请比例从 1996 年以来几乎翻了一番，其中超过 1/3 的人填报的是背部疼痛和肢体问题，另外有 1/5 是心理疾病和发育障碍，但是这些残疾都难以确诊，可信度较低。[23]

劳工经济学家戴维·奥托表示："残疾是美国劳动力市场的一种难言之隐。直到最近，美国失业率保持在低位的一个原因就是，大量难以找到工作的人被排除在统计口径以外。"[24]在大量技术性失业（离岸外包、呼叫中心自动化、自助式零售）的同时，残疾人登记比率也翻了一倍，这就表明，正如布莱恩约弗森和麦卡菲所说的，新技术创造了财富和生产率，但是没有为它取代的职业提供足够多的就业机会。如果在失业大军里再加上 700 万残疾人（目前残疾人总数的一半），官方失业率将达到 12%，这在政治上非常危险——还没有包括不完全就业和提早退休的人员。

问题的复杂性还不止于此，某些有背部残疾或相关疾病的残障人士（有残疾证明的）可以和有抬举搬运能力的机器人协同工作，这种情况带来了一个棘手的问题：这些通常只有高中学历的残障者在人机协同关系中起到了什么作用？很快，这类问题会变得越来越紧迫。同时，我们也正在经历一场牵涉数百万工人生存与生计的巨大试验。

第八章　与机器人共舞

到目前为止，关于机器人的大部分研究和技术工作都是从机器人自身角度出发的，旨在突破诸如路径搜寻、驱动、抓取、机器视觉之类的难关。现在机器人已经开始进入人类领地，从事人类的工作，这就带来了一系列新的问题。人类应该按照什么道路规则给移动式机器人清除阻碍，是帮它们按电梯，还是在面临危险时向它们发出警告？在执行简单任务（ATM机交易）或复杂任务（空中轰炸或外科手术）时，人类和机器人如何分工？谁来承担过错和责任，谁来充当最终负责的人——可能是以控制终止开关的形式？下面选取的一些实际场景揭示了人机合作的多种可能性，也提出了有待解决的复杂问题。

人与机器人交互

相比机器人领域的其他技术难题，人机交互技术研究得到的关注明显较少，研究的重点主要集中在如何让机器人“识读”人类的输入，而不是人类在工作场所、紧急救援或公共安全受到威胁时如何回应机器人的存在。比如，罗宾·墨菲和黛布拉·施雷肯郝斯特（Debra Schreckenghost）这两位业内权威人士在 2013 年的文献综述中指出：

> 我们在实际操作中经常通过对机器人或人的观察来推测（人-机器人）系统交互性的指标，这给分析造成了偏差和错误。这些指标一般都是针对做出行动的一方，而不是衡量其性能，不能完全反映自主性对人机交互的影响。所以，在为某项任务选择合适的自主功能和交互行为时，目前这套指标体系起不到什么作用。[1]

也就是说，研究人员在人机交互的标准方式上还没有达成共识。在前面的文献综述中提到的 42 个指标中，有 7 个是适用于人类的，有 6 个是适用于机器人的，还有 29 个用于衡量两者之间的交互。在人类的 7 个指标中，只有一个指标——信任——可以看作衡量人对自主机器人的反应；其他的几个指标则是衡量人的操作和对机器人的控制，如“作业时间占比”。[2]《Springer 机器人学手册》（*Springer Handbook of Robotics*）广泛收录了这个领域顶尖学者的文章，其中一篇文章《与人类交互的社交机器人》的作者也承认，关于机器人对人类产生影响的研究还停留在早期阶段。他们提出了一个人机交互领域尚未解决的核心问题：“在人和机器人的交流与理解方面，需要一套什么样的通用社会机制，使两者之间可以进行高效、愉悦、自然、深入的交互？”[3]

以搜救工作为例

机器人非常适合从事危险肮脏的搜寻和救援工作。[4] 尽管在设计上有很多需要考虑的地方，搜救类型的机器人与其他机器人相比有着明显的人道主义优势，其他类型的机器人面临着各种道德与伦理上的困境：工业机器人夺走了一些人的生计，战争机器人已经导致了严重的问题（事关生死的），即便是护理机器人也存在使养老院的老人非人性化的风险。事实上，作为在危险环境中抢救人类性命的机器人，它几乎是百利而无一害的。尽管它的任务简单明确，但是从人到机器人的转换之间我们还有大量的问题需要处理。

搜救工作的范围就是人类活动所能及的范围：目前对搜救机器人的测试包含了空中、地面、水面和水下环境。在发生塌方或海啸的地方需要空中机器人对大面积受灾区域进行评估，被火灾、地震和爆炸破坏或损毁的建筑物需要地面机器人深入废墟。即使是废墟本身也分为各种不同的类型，在 2006 年的时候，我们还没有一个技术标准用于描述火灾、地震和爆炸所造成的不同瓦砾类型。

搜救机器人也必须按照它们从事的工作性质进行专门设计：探测和评估受损建筑的结构完整性；嗅探和确认气体泄漏（爆炸性气体或毒气）；放射性侦测与测量、绘制污染区域；定位、评估、救助和撤离幸存者；按照不同地层和范围绘制受灾区域地图。每一项工作都需要不同的设计、操作人员与协议。还有一个问题是，如何在第一时间把机器人送到灾区，特别是在交通和通信资源十分紧张的情况下，从几百英里外的地方运送重达1 000磅（约454公斤）的机器可能非常困难。

到目前为止，搜救机器人最有成效的工作是从空中绘制地图和执行其他侦察任务。飞行任务比较容易安排（特别是在载人飞机以下的低海拔空域内），空中遭遇的意外障碍也相对较少。相比起来，在废墟环境里作业的机器人面临电池寿命的问题，特别是碰到意外障碍的情况下。地下环境或布满混凝土、岩石、钢筋的瓦砾堆中难以建立有效的无线网络，机器人必须使用光纤线缆和安全绳（两者都很容易被碎片挂住）。某些特定的条件会妨碍机器人的运动：突出的棍子和钢筋会阻挡坦克式履带，甚至连长绒地毯都会造成严重的问题。事实上，在某次泥石流的搜救中，正是地毯导致了机器人的失效。灰烬和消防用水混合在一起，会使物体表面极度湿滑，它们也会模糊机器人的相机镜头。回顾搜救机器人科学家所面临的这些设计难题，我们可以看到这个领域还有巨大潜力。

规则与算法

消防队员、警察和搜救人员都会遵循一套进入混乱、危险现场的指导守则。什么时候搜索哪个房间，什么样的危险需要采取什么样的安全措施，以及需要什么通信方式——所有这些都是通过训练和经验积累得来的。要教会机器人在一个独特、复杂且危险的环境里如何行动是极其困难的。所以，关键是在机器人的自主行动和人类的指挥之间取得平衡。比如在卡特里娜飓风之后，无人机被用于评估中型商业建筑的结构完整性，尽管无人机是由地面操作人员来控制飞行的，但是无人机有了自动防撞墙功能后操作人员的压力大大减小了，尽管无人机一直在操作员的视线内，但是受损建筑附近复杂的气流条件不利于人工操作。在很多情况下，设计意图是好的，但是救援人员无法直观地进行操作，这也导致在灾难救援中机器人得不到有效利用。

安装与维护

搜救机器人的打开速度可以达到多快？不熟练的操作员更换电池需要多长时间？最新的操作手册在哪里获得？网络下载通常是一个很好的解决方案，但有时候却行不通，比如在一个既没有手机信号又没有电的地方，打印机就更别提了。机器人的说明书使用什么语言？机器人的设计可靠性将会面临严峻的考验，它可能在尘土里工作一周，下一周又跑到泥地里，在极寒环境里工作一个月，然后又在高温的仓库里放一年，在极少数项目里它会碰到不可预见的各种使用环境。

身处何方

灾难会从多个层面上改变地貌环境。在灾难响应初期的一个紧迫任务就是，把从前的已知信息和当前发现的新状况整合起来。这幢建筑是不是已经搜寻过了？这座桥梁是否可以安全通过行人、摩托车或车队？燃气管道在哪里，是否已经关闭？另一个迫切的目标是为机器人使用和收集的关于空间的信息研发传感器、数据标准和相关的介入规则，实现起来并不容易。

移动方式

车轮、机械足、踏板、固定翼和螺旋桨都各有其优点和缺点。如果只是笼统地知道环境很恶劣，我们很难为机器人选择一种最佳的移动模式。在紧凑的空间环境里，机器人通常没有办法调头，操作人员也很难根据内部地形进行精准遥控，这种情况下最好使用可反转的机器人。机械足和其他仿生式的机器人在不可预知的环境中移动能力相对更强，但是它在工程学上更加复杂；蛇形机器人可以很好地通过极端崎岖的瓦砾堆，但是它的制造仍然很困难。

搜救机器人将大有作为的一个方向就是团队协作，不管是机器人与人类（可能还有搜救犬）协作还是机器人与机器人协作。空中的直升机或飞艇可以进行大范围侦察，所以它们可以通知地面机器人其与标的物的距离，比如带电的电线，或者水边的码头和其他陡坡，又或者已搜索区域。空中侦察对瓦砾堆中的传感器是一个很好的补充。尽管机器人远远达不到犬类的嗅觉灵敏度，但是在一些危险的环境中，搜救犬训练师无法判断环境对犬类的风险，就可以使用嗅探机器人。使用无线通信的自组网机器人集群可以提供足够的冗余性，以防集群中单个机器人受损。集群机器人还能以并行的方式同时进行大面积搜索。尽管如此，管理集群机器人所需要的人类操作员数量还有待研究。

结构

既然世界上大多数人口都居住在水域附近，而水又能以多种方式形成破坏性力量，消防作业也几乎离不开水，那么地面机器人的防水性能有多重要呢？机器人的结构既要容易拆解维修，又要能防水、抵抗尖锐物体或其他危害，我们始终要在两者之间进行权衡。有多少救援人员需要携带、使用和回收机器人呢？在机器人的重量、电池寿命和性能之间进行取舍是一项困难的工作。目前的搜救机器人都无法搬运太重的物体，尽管军用救援机器人可以把伤势不重的伤兵拖到安全地带，但无论是军用还是民用救援机器人都还不能安全地转移需要脊柱固定的伤员，而这在建筑废墟的救援中经常需要用到。

角色与模式

与机器人的物理结构相关的另一个更重要的问题是，它如何与搜救犬和救援人员协作，更重要的是，如何与被救援对象进行交互。当机器人需要以多重角色与不同的人员进行交互的时候，过去所谓的“用户界面”就变得极为复杂，对民用的搜救机器人来说人机交互方式是至关重要的。一个军用救援机器人可能会有专门的操作员和一起培训过的支援团队，它所救助的士兵也清楚地知道如何得到救援。相比之下，出现在灾难现场的救援机器人和它的平民支援团队可能没有和当地急救人员一起培训过，他们所搜救的平民对于如何让机器人找到或救出自己很可能既没有心理准备，也没有接受过相关的训练。

机器人操作员需要获得什么信息？救援机器人摄像头传回的视觉信息当然很有用，但是操作员不能仅仅只盯着监视器，还需要考虑他自身的安全问题。有一种观点认为，操作员应该以机器人的视角来观察它的物理环境，了解作业条件的信息（电池寿命、工作温度），还需要机器人在灾难现场所处位置的鸟瞰视图。为了恰当地管理这些数量巨大的信息，考虑到性能、耐力和人类操作员的情绪状况等各种因素，搜救机器人可能需要多个人员进行操作。一项研究表明，第二操作员可以使救援机器人的工作性能提升 1/9。[5] 除此之外，支援团队、人类和机器人的比例也是需要着重考虑的因素。

持续性的人机交互模式

与“××是不是机器人”这种非此即彼的讨论相比，新的焦点集中在介于两个极端中间的一大片灰色地带——人-机共同体，一个是实际问题，另一个是理论上的探讨。以一个刚出生的人类为例，他代表其中一个极端，一个纯粹的生物体，但是不具备语言和认知功能。在另一个极端，我们可以设想一种完全人造的、没有肉体的创造物，事实上是永远不会成真的一种原型，就像《2001 太空漫游》里面的 HAL 9000，它具有感知和逻辑能力，并能付诸行为（关闭生命支持系统、锁闭舱门），但其自身不能移动。

介于两个极端之间的概念区域，以及传感器和感觉器官、认知与逻辑、由骨骼与肌肉或液压系统与马达驱动的行为，构成了人-机共同体定义的基础。在这些共同体中间的核心问题就是主从关系、性能与责任。人与机器人两者之间哪一方是辅助另一方的，以什么方式提供辅助？哪一方具有最终的控制权？特定的人-机共同体可以实现哪些人或机器人无法单独完成的事情？

下面两个例子说明了人-机共同体这种混合模式的有效性。

1. 当用户使用 ATM 机取款的时候，是人类在为机器人提供关键功能，在人-机协同中驱动自动提钞机进行交互。同样的情况也适用于智能手机和其他 GPS 导航系统。在这里机器只是响应人类的请求，感知人类的空间位置，计算路径，最终抵达目的地还是需要人类按照导航的指引方向前进。

2. 当人类使用生物医学增强器械的时候（人工耳蜗植入、机械手臂或轮椅/霍金式的语音合成器），不管这些设备采用了多少机器人技术，在这些人-机关系中最关键的毫无疑问还是人类的人性和能动性。

在人-机共同体中间存在着很多灰色地带，包括碳纤维假肢、谷歌眼镜的面部识别和自动化的股票交易算法。与其笼统地区分它们到底是人还是机器，不如对其进行一些具体和细致的探讨，有助于搞清楚强化的人类和人性化的机器两者的地位、局限。

在这些讨论中我们不妨先提出一个可能出现的问题，和赛车运动一样，在运动员体育比赛中还要多久才会出现“无限制”组的竞赛？外骨骼、假肢和其他植入设备可能会在新的强化人类运动员的比赛中得以合法化。

需要注意的是，一旦我们在人-机共同体中不再严格地区分人和机器人，那么我们也可以通过药物和医学方式对人类进行强化。类固醇药物、生长激素和输血都能通过不同的机制增强人类的机能。对公开演讲或表演有强烈不适感的人群中，乙型阻断剂一直是推荐（或自选）的药物。创伤后应激障碍（PTSD）的新药或许可以帮助长期受创伤困扰的患者忘记那些不愉快的经历。医生每年都开出几千万份注意缺陷障碍（ADHD）的药物处方，这些药物很多都流向了并没有该症状的人群，他们依靠药物来改善情绪或提升状态（期末考试前冲刺的学生、想获得额外优势的运动员）。在美国已经有职业足球运动员因为服用此类药物而被停赛，特别是 Adderall。[6] 这里我们想说的是，在很多竞争性活动中，对人类强化的讨论严重滞后于现实情况，我们有太多合法不合法的方法来增强人的能力。而机器人强化只不过是这些强化方式中的一种。

计算-机械强化

人机共同体中有一种类型是使用计算-机械助力的人类，可能包括残疾人，但通常是健全人。从使用杠杆开始，机械就增强了人类的能力，随后在种植和收获庄稼、开发自然资源、制造人工环境的活动中，机械大幅取代了人类的体力劳动。从使用笔开始，一系列工具辅助并替代了人类的脑力劳动：一个高中生借助 2 美元的计算器就可以在简单运算上完胜博士；计算机增强的社交网络可以协助破案、预测大选结果和解决复杂问题。机器人同时结合了这两种人类辅助和增强技术，既包括机械上的强化，又有认知上的扩展。

换种稍微不同一点的说法：机械增强了力量；计算机单机和网络，增强和扩展了认知能力。当计算机技术应用到三维空间中，机器人技术还扩展了人类的存在，使人们可以远程感知、观察、分析和操作物理实体。2012 年，人形机器人初创企业柳树车库的首席运营官史蒂夫·卡普斯（Steve Cousins）提出一个近期可能实现的目标：该公司的视频会议机器人将不只起远程呈现的作用，它可以让人类远程完成实际工作，而不仅限于了解情况。[7]如果要回答“人机共同体的本质是什么”，我们就需要更深入地探讨一些至今还没有经过充分讨论的问题，比如成本、收益、风险、资源分配、伦理，特别是能动性问题，诸如此类。

以外科手术为例

当前应用最广泛的机器人医疗技术达·芬奇手术系统实际上并非真正的机器人：它既不能移动，也不能产生任何自主运动。达·芬奇系统更像下面会讲到的机械假肢，然而，这种机器人式的增强技术使人类能力得到了极大提升，值得我们特别关注。而且，医院对这项机器人技术的大肆宣传营销（包括户外广告牌）之所以引人关注，恰恰是因为我们在对达·芬奇系统的公共讨论中使用了机器人学的术语。

达·芬奇手术系统最初是与军方联合开发的，其目的是测试在没有外科医生的情况下，让伤员在前线的医疗站里尽快得到治疗的可行性。尽管他们已经放弃了最初的设计目标，但是这种探索也为手术机器人后来的发展方向奠定了基础，那就是由坐在控制台前的外科医生来操纵带有传感器、设备和多种工具的机械臂。

20 世纪 90 年代末达·芬奇系统刚刚投入市场的时候，机器人辅助手术被认为是继开放式手术和腹腔镜等微创技术之后的第三代外科手术。达·芬奇系统尽管也是微创手术的一种形式，但它与之前的微创手术截然不同，外科医生在手术中使用的是实际图像而非镜像图像，也就是说当控制台上的手柄向右移动时，实际的手术器械也会向右移动。所以机器人的功能就相当于外科医生眼睛和手的延伸。

达·芬奇系统面世以来的十几年时间里，为其他还在探索相关商业模式的机器人公司提供了更有用的经济数据。设备本身的售价在 100 万～230 万美元，根据地理位置和配置的不同而上下浮动。此外，系统还有折旧部件和每次手术后都需要更换的探头之类的附加产品，所以易耗品和备用配件的销售可以产生持续性的收入（用经济学术语来说，由于没有替代供应商的竞价，这已经成为一种捆绑销售）。最后，每台机器还附带每年 10 万～17 万美元的服务合同。从相关数据可以估计一下达·芬奇系统的规模，2014 年采用达·芬奇系统的手术达到 449 000 例，2012 年则是 367 000 例，到 2014 年 12 月 31 日，据报告已安装的达·芬奇系统的数量是3 266 台。[8]

尽管还没有证据表明费用高昂的机器人辅助手术带来了更好的手术效果，可观的经济回报仍然促使 Intuitive Surgical 公司尽可能地提高达·芬奇系统的使用率。[9] 前列腺手术中大量采用了达·芬奇系统，但是据《临床肿瘤学》（2012）发表的研究，机器人辅助手术和传统的腹腔镜手术一样，术后患者的失禁与阳痿比例较高。《美国医学会期刊》在 2013 年指出："目前为止，机器人辅助的子宫切除术效果并不比腹腔镜手术更好。"尽管如此，医院对采用达·芬奇系统的手术收费高达传统手术的两倍，一定程度上归功于达·芬奇手术系统在公众中的知名度，保险公司也为此支付了更高的费用，但是手术结果却没有得到明显的改善。[10]

假肢

活动假肢领域的进步正好依赖于我们用以定义机器人的三个部分的发展：感知、逻辑和运动。这三大技术的进步已经发展到了我们可以通过意识来控制机器假肢的程度。特别是，植入截肢患者残肢中的神经脉冲传感器可以控制假体的手臂、手掌和腿部。已经有多个国家投入了这一领域的研发，包括以色列、瑞典、英国和美国。

21世纪前10年的中东战争在伤员治疗方面取得了显著的进步：越南战争中的伤员存活率只有67%，而在伊拉克战争中，尽管平均每个伤员配备的医护兵和医生数量比越南战争中少，但是伤员存活率却达到了90%。[11]这种高存活率的代价就是数以千计的截肢伤员，他们是简易爆炸装置、地雷和其他不对称战争工具的受害者。考虑到这些年轻的截肢者在未来60年或更长时间的生活中，都要面对拄着拐杖的身心磨难，或是终身与轮椅为伴，利用机器人技术（包括脑信号接口技术[12]）开发高效能的假肢在当前的研究中就显得尤为迫切。

除了机器人附肢以外，对于肢体完好但是功能丧失的患者（特别是半身瘫痪）来说，像ReWalk这样的外骨骼可以帮助他们行走。2012年，一位瘫痪女性使用ReWalk在16天内走完了伦敦马拉松全程。该系统目前售价大约在85 000美元，已经获准在理疗师或同等技能人员指导下在医疗机构内使用。将来病人或许也可以在家中使用这套设备。针对肢体没有严重受损，只是肌肉功能弱化的患者，本田公司开发了步态辅助和体重支持辅助系统来帮助其行走，但是还不清楚这些设备何时可以投入商用。

日常生活的助手

那些在日常生活中协助人类的机器人可以提高人的自理能力，特别是针对独居老人。尽管助理机器人很重要的一点就是它的功能性，但使用者的态度也是很关键的因素。最近佐治亚理工学院的一项研究表明，有生理功能障碍的美国人愿意使用机器人助理来从事清扫之类的工作，但是更倾向于由人类来帮助他们移动、进食和沐浴。对护理人员来说，他们显然希望有机器人助理来帮助其工作，而不是完全被它们所替代。[13]

Yurina 是日本逻辑机器公司设计的一款家庭助理机器人。这款 2010 年面世的机器人可以把体重较轻的成年人从床上抬起，移动他们（如到浴缸内），或是充当机动轮椅。和其他医疗机器人一样，Yurina 正式投入商用的时间还不清楚。[14] 考虑到抬动病人的危险性，护理人员对这类机器人助理应该会有很大的需求。

Bestic 进食辅助机器人由一家瑞典公司开发，公司创始人因为青少年时期感染小儿麻痹症而留下了手部残疾。鉴于饮食在社会交往中的重要性，获得自主进食的能力会在不同层面上改善病人的健康状况。Bestic 机器人安装在餐桌上，有着简洁的白色外观。控制它的方式可以是脚踏板、按钮、手柄，也有可能通过语音操纵。日本的 My Spoon 机器人也可以实现类似的功能。[15] 由于世界各地的餐具、食材和饮食习惯大不相同，进食机器人的设计体现了强烈的文化相关性。

选择辅助技术时的一个决定因素是该项技术所蕴含的心理暗示。不管使用多么先进的轮椅，都意味着患者不能与站立的成年人互相平视。而像外骨骼这样的机器人行走装置则可以改变病人面对外部环境的姿态（生理上和心理上的）。[16] 许多老年人都需要有人搀扶才能从椅子上起身，而法国 Robosoft 公司的 robuLAB-10 机器人就可以很好地帮助他们解决这个问题。包括 robuLAB-10 在内的几种机器人设备都是为复健医院这样的机构设计的，但是目前市场进展缓慢。随着软件的提升，系统安全性得到更广泛的测试，产品可靠性获得认可，以及其他应用障碍的克服，我们不难想象此类设备将会进入人们的家居生活。

随着诸多工业化国家老龄人口的激增，以及机器人领域相互促进的多种技术的发展（更好的马达、共享软件库、新材料、脑机接口），用于增强自理能力的机器人技术创新也会更加迅猛。

监护

用于护理老人的机器人通常具备多种功能。GeckoSystems 看护机器人尽管不能直接实施护理，但它可以对个体进行观察并反馈其行为，或者提醒他们进食、服药，甚至包括给宠物猫开个门。长颈鹿机器人是瑞典一所大学开发的老人助理机器人，它可以测量血压，观察人的动作（了解老人通常的睡眠模式），还可以在老人跌倒或瘫痪时发出警报。

陪伴

工业化国家人口年龄的金字塔结构预示着即将到来的困境：随着饮食和医疗条件的改善，老年人的寿命比以往任何时候都要长，而占人口比例更少的劳动人口如何养活日渐增长的退休人口呢？日本就是一个迫切的例子：65 岁以上的人口占总人口的比例从 1950 年的 5% 增长到 2010 年的 23%，到 2050 年这个数字将达到 40%。

一方面，日本和其他工业化国家必须提高劳动人口的经济产出值，以供养越来越多的退休人口，光靠储蓄是不够的。另一方面，依靠现有劳动力给老人提供护士助理和其他护理的方式将会加剧劳动力短缺和经济失衡。这种情况下，使用护理机器人可以缓解护理人员的短缺，采用更多的工业机器人和服务机器人可以重启快速老龄化国家的经济活力。

Paro 机器人的外形是以格陵兰海豹为原型的毛绒玩具（见图 8-1）。开发 Paro 的是日本的公立研究机构——国立高等科技研究所，据《华尔街日报》报道，研发费用估计在 1 500 万美元。[17] 自 2003 年面世以来，Paro 机器人已经发展到了第 8 代，售价约为每件 6 000 美元。Paro 机器人建立在这样一种假设上：公立医疗机构可以利用 Paro 为患者提供动物疗法，而不需要驯养大量的真实动物。

图 8-1　Paro 老人护理机器人

资料来源：加州大学欧文分校。

Paro 配备了五种传感器：

- 触觉。
- 光。
- 声音。
- 温度。

● 体态。

Paro作为严格意义上的机器人，可以感知光照环境，所以它也能判断人类及它自身的睡眠周期。当有人抚摸它或者对它说话时，Paro可以察觉人类的意图，并用体态和声音进行回应。Paro的身体和面部表情都非常动人，据报道它对一些老人，特别是某些患有痴呆的老人有镇静的作用。

尽管Paro被设计成如此毛茸茸的可爱模样，还是免不了带来争议。有些批评者指责它让人们“爱上”一个无生命物体，这实际上是一种欺骗。[18]还有人担心，如果老人接受了Paro，他们的看护者尤其是子女就会觉得没有必要再给予他们人际接触的关怀了，正如讨论这个问题的一篇文章中说的，他们会自我安慰：“不要为奶奶担心，有机器人陪她聊天呢。”[19]

半人马系统

在一些人与机器人协作的案例中，人类与机器人之间是互相促进的关系，在两者之间进行对半分工尽管在理论上可行，但实际上很难做到。这种人机协作关系的前景在学术论文里面已经有所探讨。南加州大学的机器人学家乔治·贝基在2005年写道：“我们期望有一种人机共生体，它可以很自然地在简单和复杂任务中进行协作。”[20]最近，麻省理工学院的埃里克·布莱恩约弗森和麦卡菲做出预言：“第二个机器时代的特征将会是机器智能与数十亿相互连接的大脑共同工作，更好地理解与改造我们的世界。”[21]

为了理解这种类型的人机协作，我们不妨提出一个问题，“人和机器人相比，哪一个更出色?”简单的回答显而易见，这取决于任务是什么。如果是下国际象棋，毫无疑问机器人比大师级的棋手都要强，而众所周知的，IBM 的华生机器人在《危险边缘》里战胜了最好的人类选手，可见人工智能在这种包罗万象的知识竞赛中也占据了优势。

接下来轮到什么游戏呢? 2015 年年初，全世界顶尖的十位扑克选手中的四位和卡耐基·梅隆大学研发的机器人打了一场马拉松式的牌局。考虑到无限制德州扑克的复杂性，机器人没有像《危险边缘》竞赛那样完胜人类，对于这样的结果研究人员并不感到意外，但是双方在数据上的接近已经让他们兴奋不已了。在两个星期的比赛中，每位选手都玩了 20 000 局，总共的下注筹码达到了 17 000 万美元。最终，人类选手获胜的金额只比机器人多出不到 100 万美元——尽管机器人还做出了押上 19 000 美元去赢 700 美元这种蠢事。[22]

关于“谁更出色”这个问题的完整答案已经浮出水面：那就是人与机器人相结合。“半人马”（centaurs）这个词可以用来表示那种双方各尽其能的人机组合。我们已经看到两者的结合比人或机器人任何一方的表现都更加出色。下面的四个领域里人机结合所取得的进展比通常人们知道的要更为迅速。

1. 奥迪已经与斯坦福无人车实验室合作，开发了一款在计时赛成绩上超过专业级车手的赛车。它还没有与人类车手真正同场竞技，如果真到那个时候，人类赛车手的临场发挥和比赛策略都会影响最终成绩。目前奥迪赛车只是按照预先编程好的路线和赛道参数行驶：它还没有在真正的同场比赛中战胜人类车手。[23]半人马模式在汽车领域已经取得了长足的发展：车身稳定系统、防抱死刹车、精密的四驱控制系统都以数字化的方式提高了人类驾驶员的车技。除开那些老爷车，现在已经很少有不配备这些系统的汽车了。

2. 互联网上充斥着海量图片，其中不乏一些让人惊艳的美图。雅虎实验室和巴塞罗那大学的研究者利用人类给图片“打分”的数据来训练计算机，教会了搜索算法从图像数据库中找出被人忽视的美图。[24]《经济学人》杂志指出，得益于坐拥海量数据和大规模运算能力的网络巨头对“深度学习”的研发，机器学习这个领域正在飞速前进。这其中包括大家熟知的谷歌和Facebook，中国的网络服务公司百度也成为人工智能人机协作领域的后起之秀，它已经高调聘请了一些知名专家。[25]

3. IBM的人工智能“深蓝”击败加里·卡斯帕罗夫事件彻底改变了国际象棋。导致卡斯帕罗夫输棋的一个原因是当“深蓝”由于程序漏洞走出一步棋时，他直觉地以为机器下了一步他没想到的妙手，而没想到它只是走了一步臭棋。[26]大概从2013年开始，由普通棋手和优良软件组合成的半人马式团队就已经具备了战胜人类象棋大师和机器的能力。“半人马”这个术语最开始也是用来描述这种类型的组合。[27]

4. 外骨骼经常出现在好莱坞科幻电影中，在现实生活中包裹人类身体和增强其能力的机器人已经应用于以下几个领域了：

- 中风、截肢和瘫痪患者的康复。
- 对士兵的身体进行强化，使其能更轻松地长距离行军或奔跑（DARPA），帮助健全人提高其举重能力（军事或其他用途）。

● 机器人辅助手术。达·芬奇手术系统是一种特殊形式的外骨骼，它将医生的手指操作转化成手术中更精准的动作。

可穿戴式外骨骼的设计者面临的一大挑战就是使系统轻量化，以适合人类进行操作。仓库里的叉车重量通常是设计负载重量的1.6～2倍。按照这个比例，对于一个要举起200磅（约91千克）重物的体重150磅（约68千克）的人类，他的外骨骼系统重量将达到650磅（约295千克）——这还只是自重，所以如果加上全部负载的话，整个系统重量将达到1 000磅（约450千克）。降低电池重量是减轻系统总重量最快捷的方法：电池电力的一大部分都用在了携带电池本身和支撑它的坚固框架上了。

机器人学家和计算机科学家如何设计半人马系统中的机器部分还有待观察，针对人类力量的优化可能以一种我们不曾预料的方式出现。同样，训练人类把部分任务分配给机器，而不去过度担忧半人马式的人机关系，在某些场景中可能相当棘手。在其他一些场景中（如现在汽车上使用的牵引力控制系统），人们已经在不知不觉中使用了这种半人马系统。尽管如此，当我们在实验环境下明确提出这个问题时，人们还是不太相信机器的判断能力。[28]

与此同时，半人马系统不得不处理两个问题，一是人类没完没了的傻劲，二是算法的局限性。如果在双向车道的高速公路上碰到逆行的醉驾司机，无人驾驶汽车会怎么做？当一个狡诈的日内交易员在股市上进行快手操作，引发程序化交易机器人不稳定和不可预见的反应时，华尔街会如何处理？2010年的“闪电崩盘”看起来是英格兰的一名交易员引发的，他显然是通过大量的虚假下单——手动下单而不是算法自动生成——引发了黑盒系统的不稳定行为，从而扰乱了整个市场。（看起来这种快手操作已经成功得手了，顺便说一句，这名日内交易员在 4 年内赚取了 4 000 万美元。）[29]这里要说的重点是，未来几十年内，聪明或愚蠢的人类与程序化实体之间意外的互动关系将会成为最复杂的问题。

难　　题

21 世纪的机器人学起源于利用无生命材料再现人类机能这种古老的传统，我们必须从一个更大的背景下来理解这门学科，这个背景包括弗兰肯斯坦制造的怪物和其他各种机器工具。尽管机器人学的传统如此深厚，对于机器人与人现在和将来如何协同工作，我们仍然难以给出最终的答案。但是，各个学科的前沿研究给我们提示了一些可能的方向。

和其他类型的工具不一样，在人群中活动的计算机所引发的问题完全不同于那些纯粹的机械设备。我们在这里特别关注两种现象。

不安感

“恐怖谷”理论（uncanny valley）指的是因外形酷似人类而使人感到不安的计算机动画和机器人形象。前者的经典形象就是《极地特快》里的列车检票员，他是以汤姆·汉克斯为原型制作的数字动画人物；与此鲜明对照的是迪士尼动画中那些低清晰度的手绘动画形象，它们虽然没有那么逼真，但是长期深受观众喜爱。尽管《极地特快》

使用了汤姆·汉克斯的配音和眼部肌肉及面部表情捕捉渲染来重建高清晰度的动画形象，但这些只是增强了观众的不安感：技术上的进步并没有增加动画形象的吸引力，即使在早前的计算机动画中也普遍采用了这些技术。

同样的现象也出现在机器人身上。模拟皮肤的聚合物或面部表情如果太过逼真，则会让人感到厌恶，造成这种现象的原因尽管很明显，但其背后的机制还没有被完全揭示出来。正因为如此，2014 年面世的“家用机器人”Jibo 与它之前试验阶段的版本 Kismet 相比，大大降低了外观上与人类的相似度（见图 8-2）。

人格化效应

即使是在移动式机器人出现以前，人们也一直在用意想不到的方式与无生命物体进行互动。在这方面做出经典研究的是拜伦·里夫斯（Byron Reeves）和克利福德·纳斯（Clifford Nass），他们细致测量了人类面对个人电脑时的反应。他们发现人们最早从 20 世纪 80 年代开始，不论男女老幼贫富贵贱，无一例外地会给机器人赋予人类的特性——智力、学习能力、记忆和个性，没有人会想要把机器人描述成“电线、硅晶、机械关节和计算机代码的集合体”。[30]

麻省理工学院的心理学家谢里·特克尔（Sherry Turkle）和人工智能、机器人学等领域的研究人员一起，探索了人与机器之间的模糊边界。对于移动计算、社交网络和其他数字技术所造成的人际关系的疏离，以及其对人类情感世界的破坏性改变，她一直抱着强烈的批判态度。[31]简而言之，她绝非技术派的拥趸。即使是这样，当她 90 年代

（a）Kismet，麻省理工学院研发的一款表情机器人

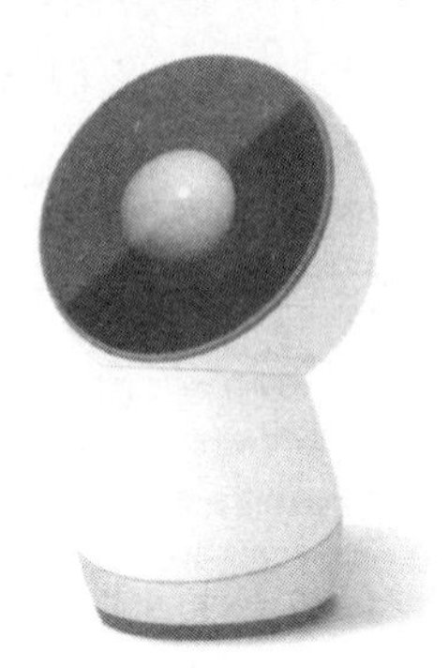

（b）Jibo，一款商用社交机器人

图 8－2　机器人与人类相似的外观给人类带来的厌恶感

在实验室与 Kismet 的机器人伙伴 Cog 相处的时候，她自己的行为也发生了改变。

Cog 机器人“注意”到我走进了房间。它的头随着我转动，我很尴尬地意识到这让我感到开心。我发现自己在和另一名访客

> 争相吸引它的注意力。有那么一刻，我确信Cog在和我“对视”。这次访问经历让我感到震惊——并不是由于Cog的什么能力，而是因为我自己对于“他”的反应。……尽管参与实验的是我本人，尽管我对这个研究项目一直持怀疑态度，但是在整个过程中我仍然表现得好像有另一个“人”在场一样。[32]

特克尔并不是唯一给机器人赋予人格的人。在伊拉克和阿富汗，iRobot的战场机器人通过搜寻和拆除简易爆炸装置帮助士兵远离危险，降低了人员伤亡。当这些机器人被爆炸损伤后，有时需要运回波士顿郊外的工厂。在2006年的一则新闻报道里称：“拆弹部队（EOD）人员已经开始例行使用这些机器人，并给它们取了昵称，赋予了不同的个性。有一个昵称‘Scooby Doo’的机器人，它每成功拆除一个爆炸物，部队就在它的摄像头上打一个钩。”当Scooby Doo受损的时候，按文章里的说法：“它的操作员……把它送回维修厂，像抱一个受伤的孩子一样搂在怀里，还问它能不能修好。”[33]

《华尔街日报》在2012年也报道了相同的行为。一名获得机器人学博士学位的军官注意到军队有时候会对战场机器人产生感情，他指出：“士兵和海军陆战队有时给他们的机器人命名，甚至会在它们成功探明地雷和爆炸物时给它们战地‘晋升’。”当机器人损坏后，“有些部队坚持要拿回原来的那个机器人，而不是替换一个”。iRobot公司的发言人就曾跟我说过这样的故事，P. W.辛格在《机器人战争》一书中也提到了这种现象。[34]

在影视行业也有一个相关的例证。20世纪80年代的电视剧《霹霹游侠》（*Knight Rider*）的主要演员是年轻的戴维·哈塞尔霍夫（David Hasselhoff）和一辆会说话的庞蒂克轿车"KIIT"。后来这辆汽车被搬进环球影城主题乐园的时候，人们排队等着坐进这辆车和它对话，不过它说话的方式类似原始的土耳其机器人：实际上声音是由真人通过远程麦克风发出的。

社会角色

卡耐基·梅隆机器人研究院在2011年进行了一项前沿研究，他们在办公环境里部署了一台配送零食的机器人，然后记录下人们对机器人及其活动的反应。实验参与者通过一个网页接口来预订零食。这个5英尺（约1.5米）高的轮式机器人"头部"有一个表达情绪的显示器，还有一个语音合成器用来播放预先编好的对白，包括问候语、闲聊、零食买卖和告别语。

尽管当时预期，实验参与者和一台"零食送货车"之间不会有太多的交流，但人类反应的演化变得非常有意思。拟人化的现象普遍存在：当机器人发生故障，或者它对着关闭的门说话时，人们会对此感到歉意。有些人还挺喜欢机器人大公无私的性格，在实验进行的两周时间里，"他"被当成了办公室的一员。与零食机器人的互动也形成了某些规范；人际交往的一般礼仪（包括不打断机器人说话）取代了机械式的互动；在一份交谈记录里，一位员工对同事说："现在你丢下零食机器人自己走了，让它很伤心。"在其他情境里面，如果机器人表扬某位同事的工作态度或比较健康的零食选择，参与实验的其他人则会产生嫉妒心理。而且，他们从零食机器人的语言和行动模式判断，它对某些员工产生了“感情”。

研究人员所看到的“波及效应”远远超出了人类对机器人的反应：人们表现出“彬彬有礼、关爱机器人、模仿行为、社会攀比，甚至是嫉妒”。零食机器人的出现以意想不到的方式改变了人与人之间的互动方式。[35]既然一个功能简单的零食分发机器便能对人类产生如此显著的影响，那么将来功能更为强大的机器人会给我们带来多大的影响呢？而管理人员、研究人员和其他人是否能很好地监管和调节这种影响呢？

不论是在实验室、战场、主题乐园还是自家客厅，人们一直在不自觉地对电子和机械产品做出回应。但是他们所回应的对象究竟是什么？在科幻作家和机器人学家中都有一个坚信机器人可以产生意识的核心群体。前麻省理工学院科学家布鲁克斯的观点代表了相当一部分人的想法：“我个人相信我们都是机器，基于这一点，我认为理论上肯定可以用硅晶和钢铁造出具有真正情感和意识的机器。”[36]和雷·库兹韦尔一样，布鲁克斯推断“人造”子系统与“自然”子系统的不断融合将会创造出一种混合形态的生命，并且“我们与机器人之间的区别将不复存在”。[37]这一天或许永远不会到来，但问题是，人类对机器人的反应为什么会带有如此强烈的感情因素呢？

第九章　未来的方向

计算机技术的变化对人类的影响

计算机技术不管以何种形态呈现，它都在发生变化。这些变化将会产生重要的影响，因为计算机技术强化了人类的认知——既包括我们自己的认知，也包括对我们自身进行观察和分析的认知。由于我们对自身的定义主要基于思想和语言，而不是我们的行为，这就使得当前机器人学的发展越来越接近我们对人类身份的定义与判断。与此同时，那些存在于物理世界的由计算机驱动的机器也正在获得某些属于人类的特质。计算机技术在以下四个大的方面的变化将会以新的方式影响人类。

形态

不管是穿戴设备、人形机器人、自我复制的 3D 打印机，还是无人驾驶汽车，我们对计算机的认识一直在改变，一度流行的米黄色机箱似乎已经成了一个遥远的回忆。

规模

据说 IBM 原首席执行官托马斯·沃森（Thomas Watson）曾经说过："我认为全世界只需要 4～5 台计算机就够了。"他的这句话在 20 世纪 90 年代已经无数次被人嘲笑过了。但随着谷歌和亚马逊建立起全球性的数据中心网络，沃森的这句名言其实也并非毫无道理。今天我们不管是使用苹果的 Siri 语音助理、观看 Netflix 影片、用谷歌地图导航，还是阅读网页端电子邮件、访问 Facebook，过去那个由应用程序、网络和处理器构成的以个人电脑为中心的世界已经离我们的日常生活越来越远了。在不久的将来，机器人设备很可能也会成为全球性计算网络的一个实体化装置。

人机合一

放置在办公桌上的"个人"电脑通常会用锁和线保护起来；智能手机与人的关系则更加紧密，通常放置在口袋和钱包里，或床头柜上。而现在，计算装置已经可以集成在鞋子、眼镜、假肢里面，甚至植入神经末端。随着人类与硅基计算平台以前所未有的方式紧密融合在一起，这种人机合一将会产生很多有意思的现象，让人感到兴奋的同时也会带来些许不安。

范围

计算机技术的发展经历了一个很长的阶段，从最初的数字运算、弹道计算，到文字处理、音乐制作、图片处理，直到现在的人工智能，它始终在一步一步地朝着人类的方向迈进。在这场广泛而深刻的变革中，我们有必要去审视计算机技术如何影响了我们的行动和信仰，以及我们所珍视的价值。

在衡量蒸汽机和汽车动力的时候，我们拿它们和马的力量相比较，但是没有一种类似的方法可以衡量人工智能近似或者超过人类认知的程度。一辆180匹马力的汽车可以与另一辆300匹马力的汽车进行比较，但是对云计算系统、高级运动测量系统、股票算法交易系统，甚至更实际的智能手机语言识别助理，我们应该如何理解它们的相对强度、运算能力和规模大小呢？当Siri的3.0版本发布时，苹果公司该怎么去描述它的性能比之前“好”多少呢？

随着计算机所从事的事情越来越接近人类的领地，这种衡量标准的缺失和模糊性就显得尤为重要了。被释放出来的计算能力逐渐成为我们的一部分和评价我们自身的方式，因此我们现在更需要对此进行切实的深入探讨：计算能力目前正与人类结合在一起，在人类的活动空间里做着与人类一样的事情。但是我们还没有语言可以描述机器人在做什么，或者今年这个型号与2010年的比起来做得怎么样。

这里凸显出以下5方面的特别议题。归结起来，这些议题引出了涉及人类身份、能动性、人权与责任的重大问题。正如我在引言里所说的，解决这些问题不单是计算机科学家和工程师的事情，还需要更多的人参与进来。

大数据的洞见与假象

把真实的物理世界转化为数据模型，不仅需要强大的运算能力，还要有相应的存储容量。机器人和无人驾驶得以实现的一个条件就是相关的传感器、算法和处理能力可以胜任导航的工作。与此同时，在非机器人的传感器领域，监控摄像头是众所周知的海量信息生成器（除非有人调阅，否则大部分信息都是无用的），而且机器发出的哔哔、嘀嘀声和其他各种信号纷至沓来，除非信号处理与解释的技术得到改进，否则大量的信息很快就会让我们焦头烂额。不管这些领域如何发展，在可预见的将来，机器人学都将与“大数据”的神话和技术进程联系在一起。

资本与劳工的新角色（工作、薪酬、财富）

正如埃里克·布莱恩约弗森和安德鲁·麦卡菲在《第二次机器革命》（*The Second Machine Age*）里提到的，互联系统在很多方面都符合幂函数分布的特征。[1]比如在经济方面，最富有的人会变得更加富有、更有影响力，而缺乏技能的人则会变得更穷、更加边缘化。在经济等级中从底层通往顶层的途径逐年减少，很多国家代际之间的社会流动性正在减缓。[2]这种两极分化的趋势，以及计算机技术在其中扮演的角色，或许可以解释谷歌大力投资机器人技术的逻辑：把社交网络拱手让给Facebook（号称“下一个谷歌”）之后，谷歌现在寄希望于抢占和实体计算有关的专利与市场，包括在车上、脸上（谷歌眼镜）、墙上（Nest智能家居）、工厂内（与富士康合资）以及极端环境中（波士顿动力公司）。

隐私

当机器人在人群中间感知和移动时，它们会采集大量的数据。正如我们所经历的多次数据泄露事故中，大量个人信息被曝光，其中还包括极其私人的信息（如指纹），个人隐私遭受入侵的范围逐年扩大。比如，面部识别技术，虽然我们没法在 Facebook 或其他地方随便使用它，但是通过谷歌眼镜这类自动化设备、机器视觉和不计其数的摄像头与其他传感器，我们任何一个人的面部都将成为通向海量数据库的超链接，这种情况在我们毫无察觉的情况下可能很快就会发生。

自动装置，强化，身份

我们如何称呼一个经过强化的人类？对霍金来说，我们通常叫他“天才”就可以了，尽管如此，他使用的机器人轮椅和语音合成器，使其非常符合赛博格的定义。

强化人类应该按照什么规则参与体育比赛呢？SAT 的考官们要不要对非注意力缺陷症患者进行利他林药检呢？人力资源部门的招聘者该如何评估经过强化的“人类+”求职者呢？

在人-机光谱的机器一端，我们应该如何判断一台机器是否能够模拟人类的功能（有时是以比较怪异的方式）？阿兰·图灵（Alan Turing）在 20 世纪 50 年代提出过一个构想，在此之后人们又提出了很多不同的方案。[3]

随着人机结合体越来越多地出现，今天我们对人和机器这种过于简单的二元区分将不再适用。[4]计算技术能够实现的人类功能日益增多（比如理解双关和谜语），同时正如波士顿动力公司开发的行走式机器人所展现的，计算机也更多地采用哺乳动物的行为方式。至少，“什么是人”和“人的特质是什么”这些问题的答案很快会变得模糊：2015 年的一篇文章甚至提议让人类与机器人结婚。[5]

人类可以开发出自身无法理解和控制的系统

这个趋势的一个最生动的例子或许就是2010年的“闪电崩盘”事件，当时道琼斯工业指数在短短20分钟里先是下跌600点，然后又恢复正常。普遍认为，这一事件的原因是自动交易系统对英国一名狡诈的日内交易员的下单做出了过度反应，导致临时性的市场流动性短缺。[6]如果对人工生成的欺诈订单的自动响应，就可以击破金融系统的所有安全防范机制，使纽约证券交易所的总市值损失9个百分点，那么数以百万计可以产生类似异常行为的传感器可能造成什么样的后果呢？我们很难对软件代码进行这种规模的压力测试，也无法从逻辑上预测众多独立系统交互操作的结果。那么机器人拥有者和制造者应该享有什么权利，并承担何种责任呢？

此外，我们越是依赖机器来承担认知责任，就越容易忘记如何处理重要的事情。针对2009年法航从里约热内卢飞往巴黎的447航班坠机事故的一份分析报告，指出了在自动化操作情况下人类技能退化的严重问题：几名机组成员尽管有几千小时的飞行经验，但是实际操控飞机的经验极其有限，特别是在复杂环境中驾驶飞机的经验更加不足。[7]考虑到GPS导航极高的精确度，美国海军学院在1997年已经取消了天体导航课程，但是仍然会指导学员使用六分仪（只是不再使用图板和纸）。[8]袖珍计算机的出现，已经使得一代高中生不会运算简单分数的加减法了，而这是木工和其他工匠的必备技能，他们不怎么需要用到十进制运算。数字工具给我们带来了意想不到的后果。

这里我想到了三个问题：人类擅长做什么？计算机擅长做什么？

未来几年里人机协作的形式将会发生什么变化？

灵与肉

> 到21世纪30年代初，我们每年将会生产出大约10^{26}～10^{29} cps（全球范围内每秒运算次数）的非生物计算能力。这大致相当于我们所估算的所有在世人类的脑力总和……尽管如此，21世纪30年代初的这个阶段还不是真正的计算机奇点，因为在那个时候我们人类的智力也已经显著提高了。到21世纪40年代中期，一台价值1 000美元的电脑就可以达到10^{26} cps运算能力，所以届时每年所创造的智能（以大约1 012美元的成本）将达到现今所有人类智能总和的10亿倍。那将会是一个巨大的变化，有鉴于此，我把奇点——代表人类能力巨大的颠覆性转变——到来的时间设定在2045年。
>
> ——雷·库兹韦尔，《奇点临近》[9]

库兹韦尔的奇点理论——机器的认知能力将会超越人类，并带来严重的后果——仍然存在很多争议。实际上，库兹韦尔本人还是谷歌的一名高管，作为世界上最先进的机器人公司，谷歌也提出了一些重要的问题。[10]对库兹韦尔的批评中最为人熟知的可能是普利策奖获得者侯世达提出来的，他也是《哥德尔、艾舍尔、巴赫》（*Gödel*，*Escher*，*Bach*）一书的作者。在2007年的一次采访中，侯世达的说法代表了当时多数人的感受：“如果你去读一下库兹韦尔和汉斯·莫拉夫斯的书，你就会发现他们把确凿无疑的观点和疯狂的臆想杂糅在一起了。就像你在美味佳肴里面掺了一点狗屎，然后拌在一起吃下去，所以你就没法吃出哪些是好的，哪些是坏的。这些书也是一样，它们把好的观点与垃圾思想完全结合在一起了，所以你很难从中进行区分，因为这些作者都是很聪明的人，他们并不蠢。”[11]

安东尼·达马西奥（Anthony Damasio）在他的《笛卡尔的错误》（*Descartes' Error*）一书中提出了与库兹韦尔不同的另一种比较可信的假设，库兹韦尔把人类认知看作一种相对简单和直接的处理方式，可以复制在硅芯片上并进行处理。库兹韦尔的整个理论建立在笛卡尔的名句“我思故我在”及其背后所表达的灵肉二元论思想，但是达马西奥重新把思维与肉体联系起来。作为神经学家的他坚信，有证据表明，正是情感这种灵与肉结合的产物，使人类在进化中存活下来，也是人类有别于其他物种的根本。所有认为计算机计算等同或超过人类智力的观点都忽略了这一基本事实。除非哪天计算机可以欢笑、哭泣、歌唱、紧张流汗，或者它把心灵与肉体融为一体，否则它永远不可能“超越”人类。换句话说，正如达马西奥所言：“我并不是说心灵是从属于肉体的。我的意思是肉体对大脑所起的作用不仅仅是生命支持和调节作用。肉体所贡献的内容本身就是正常思维活动的一部分。”[12]

虽然我们不是神经学家，但是也不难理解这一观点。我们的感受通常都会有生理上的反应：手心出汗、脊柱发麻、呼吸与心跳加速。一个像中央处理器（CPU）一样的大脑显然不会出现这些反应，更不用说运动员的肌肉记忆和音乐家那种绝佳的音准了。尽管如此，算法、处理能力、信息存储和网络明显增强了非人类认知的能力。那么人工智能/机器人学将来应该如何在新发明的设备上实现这些不同形式的智能呢？人工智能会引发一些关键性的问题，但可能并非库兹韦尔所提到的那些。

正如本书前面在Google＋和MIDI的案例中指出的，技术失误的问题由来已久并且影响深远。事实上，这种失误所造成的影响已经被两位研究人员证实，他们发现在器官捐献方面采用主动登记制度的国家（如美国），可获得的移植器官数量远远少于采用预设默许制度的国家。[13]机器人学发展到目前这个阶段，正是此类失误开始出现的时候，而且这也影响到一些重要的人类特质与行为。

我们可能最好还是把机器人当成工具，阿西莫夫在机器人学创立之初的这个表述多少有点口是心非（在其著名的科幻小说里所暗含的意思恰恰与之相反）。人类和工具一直在共同演化：[14]在逐渐适应机器人发展的过程中，我们对自身和机器人的定位越清楚，就能越快地设计出为我们所用的人-机协作方式。而且，在这个技术创新的新阶段，为了减少人们对机器人认识的混乱与模糊，我们应该明确地表达出上述观点，而不再使用电影里的反派角色、文学比喻或缩略语来描绘机器人。

人类一直在不断地发明工具，而这些工具所带来的改变往往出乎我们的意料。历史上这种由新工具造成的社会变革影响深远，如城市的崛起、寿命的延长、核武器的发展。接下来机器人又将重新定义我们的工作、护理与战争，甚至包括我们的视觉和行走能力，在这一波变革到来之前，我们现在应该立即展开切实的讨论：相对于这些机器，我们的身份是什么？以及我们希望从中获得什么？

注释

Chapter 1

1. Bernard Roth, foreword to Bruno Siciliano and Oussama Khatib, eds., *Springer Handbook of Robotics* (Berlin: Springer-Verlag, 2008), viii.
2. See Matt McFarland, "Elon Musk: 'With Artificial Intelligence We Are Summoning the Demon,'" *The Washington Post* (blog), October 24, 2014, http://www.washingtonpost.com/blogs/innovations/wp/2014/10/24/elon-musk-with-artificial-intelligence-we-are-summoning-the-demon/.
3. An excellent history of AI, told by a participant, is Nils J. Nilsson, *The Quest for Artificial Intelligence: A History of Ideas and Achievements* (Cambridge: Cambridge University Press, 2010).
4. Ulrike Bruckenberger et al., "The Good, the Bad, the Weird: Audience Evaluation of a 'Real' Robot in Relation to Science Fiction and Mass Media," in G. Hermann et al., eds., *Social Robotics: 5th International Conference, ICSR 2013, Bristol, UK, October 27–29, 2013, Proceedings*, ICSR 2013, LNAI 8239, p. 301.
5. See W. Brian Arthur, *Increasing Returns and Path Dependence in the Economy* (Ann Arbor: University of Michigan Press, 1994), chapter 1.
6. This is a fascinating body of inquiry unto itself. For a compelling introduction, see Donald Norman, *The Design of Everyday Things* (1988; New York: Basic Books, 2002).
7. Jaron Lanier, *You Are Not a Gadget: A Manifesto* (New York: Knopf, 2010), 7–12.
8. Sergey Brin, as quoted in "Sergey Brin Live at Code Conference," *The Verge* (blog), May 27, 2014, http://live.theverge.com/sergey-brin-live-code-conference/.
9. Danny Palmer, "The future is here today: How GE is using the Internet of Things, big data and robotics to power its business," *Computing* 12 March 2015, http://www.computing.co.uk/ctg/feature/2399216/the-future-is-here-today-how-ge-is-using-the-internet-of-things-big-data-and-robotics-to-power-its-business/.
10. Chunka Mui and Paul B. Carroll, *Self-Driving Cars: Trillions Are Up for Grabs*, Kindle e-book (2013) location 223.
11. See Online Etymology Dictionary, "hello," http://www.etymonline.com/index.php?search=hello&searchmode=none/.
12. See Hugh Herr, "The New Bionics That Let Us Run, Climb, and Dance," *TED2014* (video blog), filmed March 2014, https://

www.ted.com/talks/hugh_herr_the_new_bionics_that_let_us_run_climb_and_dance/.

13. See "Robin Millar: 'How Pioneering Eye Implant Helped My Sight,'" *BBC News* (blog), May 3, 2012, http://www.bbc.com/news/health-17936704/.

14. On solutionism, see Evgeny Morozov, *To Save Everything Click Here: The Folly of Technological Solutionism* (New York: Public Affairs, 2013), chapter 1.

15. A good starting point into this literature is Cass Sunstein and Richard Thaler, *Nudge: Improving Decisions about Health, Wealth, and Happiness* (New York: Penguin Books, 2008).

16. An essential reader on the topic is Patrick Lin, Keith Abney, and George A. Bekey, eds., *Robot Ethics: The Ethical and Social Implications of Robotics* (Cambridge, MA: MIT Press, 2012).

17. See Campaign to Stop Killer Robots, https://www.stopkillerrobots.org.

18. Steven Pinker, *How the Mind Works* (New York: Norton, 1999), 16.

19. Ray Kurzweil, *The Singularity Is Near: When Humans Transcend Biology* (New York: Viking, 2005), 4.

20. See Rodney Brooks, "Artificial Intelligence Is a Tool, Not a Threat," *Rethink Robotics* (blog), November 10, 2014, http://www.rethinkrobotics.com/blog/artificial-intelligence-tool-threat/.

Chapter 2

1. Illah Reza Nourbakhsh, *Robot Futures* (Cambridge, MA: MIT Press, 2013), xiv.

2. Rodney Brooks, *Flesh and Machines: How Robots Will Change Us* (Cambridge, MA: MIT Press, 2002), 13.

3. James L. Fuller, *Robotics: Introduction, Programming, and Projects* (Upper Saddle River, NJ: Prentice Hall, 1999), 3–4; emphasis added.

4. Cynthia Breazeal, *Designing Sociable Robots* (Cambridge, MA. MIT Press, 2004), 1.

5. Maja J. Mataric, *The Robotics Primer* (Cambridge, MA: MIT Press, 2007), 2.

6. Steve Kroft, "Are Robots Hurting Job Growth?" *60 Minutes* (video), January 13, 2013, http://www.cbsnews.com/video/watch/?id=50138922n/.

7. Vinton G. Cerf, "What's a Robot?" *Communications of the ACM* (Association for Computing Machinery) 56 (January 2013): 7; emphasis added.

8. George Bekey, *Autonomous Robots: From Biological Inspiration to Implementation and Control* (Cambridge, MA: MIT Press, 2005), 2; emphasis added.

9. My understanding of the duck tale relies on P. W. Singer, *Wired for War: The Robotics Revolution and Conflict in the 21st Century* (New York: Penguin Books, 2009), 42–43.
10. Isaac Asimov and Karen A. Frenkel, *Robots: Machines in Man's Image* (New York: Harmony Books, 1985), 13.
11. Asimov gives his editor John Campbell a great deal of credit for the structured formulation of the three laws; see *In Memory Yet Green: The Autobiography of Isaac Asimov 1920–1954* (Garden City, NY: Doubleday, 1979), 286.
12. Singer, *Wired for War*, 423.
13. Brooks, *Flesh and Machines*, 73.
14. Robin Murphy and David D. Woods, "Beyond Asimov: The Three Laws of Responsible Robotics," *IEEE Intelligent Systems* 24 (July–August 2009): 14–20, doi:10.1109/MIS.2009.69.
15. Joseph Engelberger, as quoted in Asimov and Frenkel, *Robots*, 25.

Chapter 3

1. Robert Geraci, *Apocalyptic AI: Visions of Heaven in Robotics, Artificial Intelligence, and Virtual Reality* (New York: Oxford University Press, 2010), 31.
2. Hiroaki Kitano, "The Design of the Humanoid Robot PINO," http://www.sbi.jp/symbio/people/tmatsui/pinodesign.htm, as quoted in Bekey, *Autonomous Robots*, 471.
3. See Hans P. Moravec, *Mind Children: The Future of Robot and Human Intelligence* (Cambridge, MA: Harvard University Press, 1988).
4. Geraci, *Apocalyptic AI*, 7.
5. Nourbakhsh, *Robot Futures*, 119.
6. Dwayne Day's plausible blog post suggests that the *Star Trek* writers borrowed from a White House pamphlet dating from 1958 that stated: "The first of these factors is the compelling urge of man to explore and to discover, the thrust of curiosity that leads *men to try to go where no one has gone before.*" The piece also notes that Hollywood and the Southern California aerospace industry often cross-fertilized. See Dwayne A. Day, "Boldly Going: *Star Trek* and Spaceflight," *Space Review/Space News* (blog), November 28, 2005, http://www.thespacereview.com/article/506/1/.
7. See, for example, Leo Marx, *The Machine in the Garden: Technology and the Pastoral Ideal in America* (New York: Oxford University Press, 1965); Thomas P. Hughes, *American Genesis: A Century of Invention and Technological Enthusiasm* (New York: Viking, 1989); and David Nye, *America as Second Creation: Technology and Narratives of New Beginnings* (Cambridge, MA: MIT Press, 2003).

8. Evgeny Morozov, "The Perils of Perfection," *New York Times*, March 3, 2013, http://www.nytimes.com/2013/03/03/opinion/sunday/the-perils-of-perfection.html
9. William Edward Harkins, *Karel Čapek* (New York: Columbia University Press, 1962), 9.
10. Čapek quotation in London *Sunday Review*, as requoted in Karel Čapek, *R.U.R.* (New York: Pocket Books, 1973), reader's supplement, 11. "Rossum" was meant to connote logic, given that the Czech word "rozum" means "reason."
11. Čapek's dramatic work foreshadowed efforts to "teach" IBM's question-answering computer Watson how to play *Jeopardy!* roughly ninety years later by having it ingest *Wikipedia* and other online data repositories.
12. Čapek, *R.U.R.*, 49.
13. Ibid., 96.
14. Isaac Asimov, introduction to *The Complete Robot* (Garden City: Doubleday, 1982), xi.
15. Ibid., xii.
16. Norbert Wiener, *Cybernetics, or Communication and Control in the Animal and the Machine* (Cambridge, MA: MIT Press, 1948).
17. Phillip K. Dick, *Do Androids Dream of Electric Sheep?* (New York: Doubleday, 1968).
18. Pinker, *How the Mind Works*, 4.
19. The two essential English-language sources on Tezuka are Frederik L. Schodt, *The Astro Boy Essays: Osamu Tezuka, Mighty Atom, and the Manga/Anime Revolution* (Berkeley, CA: Stone Bridge Press, 2007) and Helen McCarthy, *The Art of Osamu Tezuka: God of Manga* (New York: Abrams, 2009). I rely heavily on each of these in the following discussion.
20. See "20 Facts about Astro Boy," *Geordie Japan: A Guide to Finding Japan in Newcastle-upon-Tyne* (blog), January 10, 2013, http://geordiejapan.wordpress.com/2013/01/10/20-facts-about-astro-boy/.
21. Reprinted from Schodt's translation of the Japanese in *The Astro Boy Essays*, 108.

Chapter 4

1. See "Global Industrial Robot Sales Rose 27 [Percent] in 2014," *Reuters*, March 22, 2015, http://www.reuters.com/article/industry-robots-sales-idUSL6N0WM1NS20150322/.

2. See "Foxconn to Rely More on Robots; Could Use 1 Million in 3 years," *Reuters*, August 1, 2011, http://www.reuters.com/article/us-foxconn-robots-idUSTRE77016B20110801/.
3. For more on robot locomotion, see Roland Siegwart and Illah R. Nourbakhsh, *Introduction to Autonomous Mobile Robots* (Cambridge, MA: MIT Press, 2004), chapter 2.
4. Singer, *Wired for War*, 55.
5. Nourbakhsh, *Robot Futures*, 49–50.
6. Municipalities are buying large numbers of license-plate cameras, which rapidly pay for themselves by identifying cars with expired licenses and outstanding parking tickets, or stolen vehicles. A typical system can scan more than 750 cars an hour. See Shawn Musgrave, "Big Brother or Better Police Work? New Technology Automatically Runs License Plates ... of Everyone," *Boston Globe*, April 8, 2013.
7. Bekey, *Autonomous Robots*, 104–107; Brooks, *Flesh and Machines*, 36–43.
8. Brooks, *Flesh and Machines*, 72–73.
9. Siegwart and Nourbakhsh, *Introduction to Autonomous Mobile Robots*, chapter 6.
10. The quadrotors (quadcopters) at the University of Pennsylvania GRASP lab are an example of robots deployed in groups. See https://www.grasp.upenn.edu.
11. Bekey, *Autonomous Robots*, 5–6.
12. Singer, *Wired for War*, 60.
13. See "Military Robot Markets to Exceed $8 Billion in 2016," *ABIresearch: Intelligence for Innovators* (blog), February 15, 2011, http://www.abiresearch.com/press/military-robot-markets-to-exceed-8-billion-in-2016/.
14. See Cloud Robotics and Automation, http://goldberg.berkeley.edu/cloud-robotics/.
15. See RoboCup, http://www.robocup.org/about-robocup/objective/.

Chapter 5

1. Mui and Carroll, *Driverless Cars*, location 13.
2. Sebastian Thrun, "Toward Robotic Cars," *Communications of the ACM* 53 (April 2010): 99; and Mui and Carroll, *Driverless Cars*, location 43.
3. Thrun, "Toward Robotic Cars."
4. Leo Kelion, "Audi Claims Self-Drive Car Speed Record after German Test," *BBC News* (blog), October 21, 2014, http://www.bbc.com/news/technology-29706473/.

5. Casey Newton, "Uber Will Eventually Replace All Its Drivers with Self-Driving Cars, *The Verge* (blog), May 28, 2014, http://www.theverge.com/2014/5/28/5758734/uber-will-eventually-replace-all-its-drivers-with-self-driving-cars/.
6. Douglas Macmillan, "GM Invests $500 Million in Lyft, Plans System for Self-Driving Cars: Auto Maker Will Work to Develop System That Could Make Autonomous Cars Appear at Customers' Doors," *Wall Street Journal*, January 4, 2016, http://www.wsj.com/articles/gm-invests-500-million-in-lyft-plans-system-for-self-driving-cars-1451914204/.
7. See Shaun Bailey, "BMW Track Trainer: How a Car Can Teach You to Drive," *Road & Track* (blog), September 7, 2011, http://www.roadandtrack.com/car-culture/a17638/bmw-track-trainer/.
8. Frank Levy and Richard Murnane, *The New Division of Labor: How Computers Are Creating the Next Job Market* (New York: Russell Sage Foundation; Princeton: Princeton University Press, 2004), 20.
9. Defense Advanced Research Projects Agency (DARPA), "Report to Congress: DARPA Prize Authority: Fiscal Year 2005 Report in Accordance with U.S.C. §2374a," released March 2006, 3, http://archive.darpa.mil/grandchallenge/docs/Grand_Challenge_2005_Report_to_Congress.pdf.
10. See Erico Guizzo, "How Google's Self-Driving Car Works," *IEEE Spectrum*, October 18, 2011, http://spectrum.ieee.org/automaton/robotics/artificial-intelligence/how-google-self-driving-car-works/.
11. See Alex Davies, "This Palm-Sized Laser Could Make Self-Driving Cars Way Cheaper," *Wired* (blog), September 25, 2014, http://www.wired.com/2014/09/velodyne-lidar-self-driving-cars/.
12. Sebastian Thrun et al., "Stanley: The Robot that Won the DARPA Grand Challenge," *Journal of Field Robotics* 23 (2009): 665.
13. See "What If It Could Be Easier and Safer for Everyone to Get Around?" *Google Self-Driving Project* (video/text blog) [no date], https://www.google.com/selfdrivingcar/.
14. *Car and Driver*, August 2013, cover.
15. See James Vincent, "Toyota's $1 Billion AI Company Will Develop Self-Driving Cars and Robot Helpers," *The Verge* (blog), November 6, 2015, http://www.theverge.com/2015/11/6/9680128/toyota-ai-research-one-billion-funding/.
16. See Nic Fleming and Daniel Boffey, "Lasers-Guided Cars Could Allow Drivers to Eat and Sleep at the Wheel While Travelling in 70 mph Convoys," *Daily Mail.com* (blog), June 22, 2009, http://www.dailymail.co.uk/

sciencetech/article-1194481/Lasers-guided-cars-allow-eat-sleep-wheel-travelling-70mph-convoys.html
17. See Brad Templeton, "I Was Promised Flying Cars!" *Templetons.com* (blog) [no date], http://www.templetons.com/brad/robocars/roadblocks.html
18. See Daniel Kahneman, *Thinking, Fast and Slow* (New York, Farrar, Straus and Giroux, 2011), chapters 12 and 13.
19. See Bruce Schneier, "Virginia Tech Lesson: Rare Risks Breed Irrational Responses," *Wired* (blog), May, 2007, https://www.schneier.com/essays/archives/2007/05/virginia_tech_lesson.html
20. Zack Rosenberg, "The Autonomous Automobile," *Car and Driver*, August 2013, 68, http://www.caranddriver.com/features/the-autonomous-automobile-the-path-to-driverless-cars-explored-feature/.
21. See Chris Urmson, "The View from the Front Seat of the Google Self-Driving Car, Chapter 2," *Medium.com* (blog), July 16, 2015, https://medium.com/@chris_urmson/the-view-from-the-front-seat-of-the-google-self-driving-car-chapter-2-8d5e2990101b#.17cg8dyt4.
22. See Lee Gomes, "Driving in Circles: The Autonomous Google Car May Never Actually Happen," *Slate* (blog), October 21, 2014, http://www.slate.com/articles/technology/technology/2014/10/google_self_driving_car_it_may_never_actually_happen.html
23. See Nick Bilton, "The Money Side of Driverless Cars," *The New York Times* (blog), July 9, 2013, http://bits.blogs.nytimes.com/2013/07/09/the-end-of-parking-tickets-drivers-and-car-insurance/.
24. See Shawna Ohm, "Why UPS Drivers Don't Make Left Turns," *Yahoo! Finance* (video/text blog), September 30, 2014, http://finance.yahoo.com/news/why-ups-drivers-don-t-make-left-turns-172032872.html
25. For more about how much we spend on cars and on what, see Mui and Carroll, *Self-Driving Cars*, chapter 1.
26. Ibid., location 127.
27. See Centers for Disease Control/National Center for Health Statistics, "FastStats: Accidental or Unintentional Injuries," last updated September 30, 2015, http://www.cdc.gov/nchs/fastats/accidental-injury.htm.
28. See Centers for Disease Control, "National Hospital Ambulatory Medical Care Survey: 2010 Emergency Department Survey Tables," http://www.cdc.gov/nchs/data/ahcd/nhamcs_emergency/2010_ed_web_tables.pdf.
29. Mui and Carroll, *Self-Driving Cars*, location 74.
30. See Climateer, "Understanding the Future of Mobility: On-Demand Driverless Cars," *Climateer Investing* (blog), August 10, 2015, http://

climateerinvest.blogspot.co.uk/2015/08/understanding-future-of-mobility-on.html.

31. See U.S. Public Interest Research Group and Frontier Group, "Transportation and the New Generation: Why Young People Are Driving Less and What It Means for Transportation Policy" (report), released April 5, 2012, http://www.uspirg.org/reports/usp/transportation-and-new-generation/.

32. See Mark Strassman, "A Dying Breed: The American Shopping Mall," *CBS News.com* (video/text blog), March 23, 2014, http://www.cbsnews.com/news/a-dying-breed-the-american-shopping-mall/.

33. See, for example, Laura Houston Santhanam, Amy Mitchell, and Tom Rosenstiel, "The State of the News Media 2012: An Annual Report," Pew Research Center's Project for Excellence in Journalism, http://stateofthemedia.org/2012/audio-how-far-will-digital-go/audio-by-the-numbers/.

34. See Steve Mahan, "Self-Driving Car Test," YouTube.com (video), March 28, 2012, https://www.youtube.com/watch?v=cdgQpa1pUUE/.

35. See Lucia Huntington, "The Real Distraction at the Wheel: Texting Is a Big Problem, but with More People Eating and Driving Than Ever Before, Maybe That's an Even Bigger Problem," *The Boston Globe* (blog), October 14, 2009, http://www.boston.com/lifestyle/food/articles/2009/10/14/dining_while_driving_theres_many_a_slip_twixt_cup_and_lip_but_that_doesnt_stop_us/.

36. See William H. Janeway, "From Atoms to Bits to Atoms: Friction on the Path to the Digital Future," *Forbes.com* (blog), July 30, 2015, http://www.forbes.com/sites/valleyvoices/2015/07/30/from-atoms-to-bits-to-atoms-friction-on-the-path-to-the-digital-future/.

37. See Erin Griffith, "If Driverless Cars Save Lives, Where Will We Get Organs?" *Fortune* (blog), August 15, 2014, http://fortune.com/2014/08/15/if-driverless-cars-save-lives-where-will-we-get-organs/.

38. See Alan S. Blinder, "Offshoring: The Next Industrial Revolution?" *Foreign Affairs*, March–April 2006, http://www.foreignaffairs.com/articles/61514/alan-s-blinder/offshoring-the-next-industrial-revolution/.

39. See Megahn Walsh, "Why No One Wants to Drive a Truck Anymore: Commercial Drivers' Average Age is 55, and Young People Don't Want to Take Up the Slack," *BloombergBusiness* (blog), November 14, 2013, http://www.bloomberg.com/news/articles/2013-11-14/2014-outlook-truck-driver-shortage/.

40. See Adario Strange, "Mercedes-Benz Unveils Self-Driving 'Future Truck' on Germany's Autobahn," *Mashable* (video/text blog), July 6, 2014, http://mashable.com/2014/07/06/mercedes-benz-self-driving-truck/.

41. RAND study, as quoted in Mui and Carroll, *Self-Driving Cars*, location 279.
42. Mui and Carroll, *Self-Driving Cars*, location 214.

Chapter 6

1. See DARPA, "Mission," http://www.darpa.mil/about-us/mission/.
2. See "Beyond the Borders of 'Possible,'" *army.mil*, January 27, 2015 (interview with Dr. Bradford Tousley, director of DARPA's Tactical Technology Office or TTO, by staff of U.S. Army's *Access AL&T* magazine), http://www.army.mil/mobile/article/?p=141732/.
3. Ronald C. Arkin, *Governing Lethal Behavior in Autonomous Robots* (New York: CRC Press, 2009), xii.
4. See Jeremiah Gertler, "U.S. Unmanned Aerial Systems," Congressional Research Service report R42136, January 3, 2012, http://www.fas.org/sgp/crs/natsec/R42136.pdf.
5. Singer, *Wired for War*, 33.
6. Ibid., 36.
7. See R. Jeffrey Smith, "High-Priced F-22 Fighter Has Major Shortcomings," *Washington Post*, July 10, 2009, http://www.washingtonpost.com/wp-dyn/content/article/2009/07/09/AR2009070903020.html?hpid=topnews&sub=AR&sid=ST2009071001019/.
8. See Brian Bennett, "Predator Drones Have Yet to Prove Their Worth on Border," *Los Angeles Times*, April 28, 2012, http://articles.latimes.com/2012/apr/28/nation/la-na-drone-bust-20120429.
9. See Singer, *Wired for War*, 114–116.
10. See "Autonomous Underwater Vehicle—Seaglider," *kongsberg.com* [no date], http://www.km.kongsberg.com/ks/web/nokbg0240.nsf/AllWeb/EC2FF8B58CA491A4C1257B870048C78C?OpenDocument/.
11. See AUVAC (Autonomous Undersea Vehicle Applications Center), "AUV System Spec Sheet: Proteus Configuration," *auvac.org* [no date], http://auvac.org/configurations/view/239/.
12. Singer, *Wired for War*, 114–115.
13. See Rafael Advanced Defense Systems, Ltd., "Protector Unmanned Naval Patrol Vehicle," rafael.co.il [no date], http://www.rafael.co.il/Marketing/351-1037-en/Marketing.aspx.
14. See "iRobot Delivers 3,000th PackBot," investor.irobot.com (news release), February 16, 2010, http://investor.irobot.com/phoenix.zhtml?c=193096&p=irol-newsArticle&ID=1391248/.

15. See QinetiQ North America, "TALON® Robots: From Reconnaissance to Rescue, Always Ready on Any Terrain," *QinetiQ-NA.com* (data sheet) [no date], https://www.qinetiq-na.com/wp-content/uploads/data-sheet_talon.pdf.
16. "March of the Robots," *Economist*, June 2, 2012, http://www.economist.com/node/21556103/.
17. See Evan Ackerman and Erico Guizzo, "DARPA Robotics Challenge: Amazing Moments, Lessons Learned, and What's Next," *IEEE Spectrum*, June 11, 2015, http://spectrum.ieee.org/automaton/robotics/humanoids/darpa-robotics-challenge-amazing-moments-lessons-learned-whats-next/.
18. See Sydney J. Freedberg Jr., "Why the Military Wants Robots with Legs (Not to Run Faster Than Usain Bolt)," *Breaking Defense* (blog), September 7, 2012. http://breakingdefense.com/2012/09/07/why-the-military-wants-robots-with-legs-robot-runs-faster-than/.
19. Ronald C. Arkin, "Ethical Robots in Warfare," *IEEE Technology and Society Magazine* 28 (Spring 2009), http://www.dtic.mil/dtic/tr/fulltext/u2/a493429.pdf.
20. See Human Rights Watch, "The 'Killer Robots' Accountability Gap," *hrw.org* (blog), April 8, 2015, https://www.hrw.org/news/2015/04/08/killer-robots-accountability-gap/.
21. See UN General Assembly, Human Rights Council, "Report of the Special Rapporteur on Extrajudicial, Summary or Arbitrary Executions, Christof Heyns," A/HRC/23/47, April 17, 2013, http://www.ohchr.org/Documents/HRBodies/HRCouncil/RegularSession/Session23/A.HRC.23.47_EN.pdf.
22. Many of these points echo Arkin, "Ethical Robots in Warfare."
23. See Associated Press, "Afghan Panel: U.S. Airstrike Killed 47 in Wedding Party," *Washington Post*, July 12, 2008, http://articles.washingtonpost.com/2008-07-12/world/36906336_1_civilians-airstrike-afghan-panel/.
24. See David S. Cloud, "Civilian Contractors Playing Key Roles in U.S. Drone Operations," *Los Angeles Times*, December 29, 2011, http://articles.latimes.com/2011/dec/29/world/la-fg-drones-civilians-20111230/.
25. See, for example, Human Rights Watch, "Losing Humanity: The Case against Killer Robots," November 2012, especially sections II and III http://www.hrw.org/sites/default/files/reports/arms1112ForUpload_0_0.pdf.
26. See "*Dr. Strangelove, or: How I Learned to Stop Worrying and Love the Bomb*: Plot Summary," *IMDb.com* [no date] http://www.imdb.com/title/tt0057012/plotsummary?ref_=tt_stry_pl/.
27. See Christopher Mims, "U.S. Military Chips 'Compromised,'" *MIT Technology Review*, May 30, 2012, http://www.technologyreview.com/view/428029/us-military-chips-compromised/.

28. See "Interview with Defense Expert P. W. Singer: 'The Soldiers Call It War Porn,'" *Spiegel Online International*, March 12, 2010, http://www.spiegel.de/international/world/interview-with-defense-expert-p-w-singer-the-soldiers-call-it-war-porn-a-682852.html
29. See *New York Times*, "Distance from Carnage Doesn't Prevent PTSD for Drone Pilots," atwar.nytimes.com (blog), February 23, 2013, http://atwar.blogs.nytimes.com/2013/02/25/distance-from-carnage-doesnt-prevent-ptsd-for-drone-pilots/ and Christopher Drewand Dave Philipps, "As Stress Drives Off Drone Operators, Air Force Must Cut Flights," *New York Times*, June 16, 2015, http://www.nytimes.com/2015/06/17/us/as-stress-drives-off-drone-operators-air-force-must-cut-flights.html
30. See Chris Woods, "Drone Warfare: Life on the New Frontline," *The Guardian*, February 24, 2015, http://www.theguardian.com/world/2015/feb/24/drone-warfare-life-on-the-new-frontline/.
31. Mubashar Jawed Akbar, as quoted in Singer, *Wired for War*, 312.
32. Singer, *Wired for War*, 198.

Chapter 7

1. On ATMs, see John M. Jordan, *Information, Technology, and Innovation: Resources for Growth in a Connected World* (Hoboken, NJ: Wiley, 2012), 153–155.
2. Erik Brynjolfsson and Andrew McAfee, *Race against the Machine: How the Digital Revolution Is Accelerating Innovation, Driving Productivity, and Irreversibly Transforming Employment and the Economy* (Lexington, MA: Digital Frontier Press, 2011), Kindle edition. Much of the material from this e-book appears in Brynjolfsson and McAfee's more comprehensive print book, *The Second Machine Age: Work, Progress, and Prosperity in a Time of Brilliant Technologies* (New York: Norton, 2014).
3. See David Autor, "The 'Task' Approach to Labor Markets: An Overview," National Bureau of Economic Research Working Paper 18711, http://www.nber.org/papers/w18711/.
4. See also Levy and Murnane, *The New Division of Labor*, 6. Levy and Murnane have also coauthored papers with Autor.
5. Autor, "The 'Task' Approach to Labor Markets," 5.
6. See IFR (International Federation of Robotics), "Industrial Robot Statistics," in "World Robotics 2015 Industrial Robots," *ifr.org* (report) [no date],http://www.ifr.org/industrial-robots/statistics/.

7. See Sam Grobart, "Robot Workers: Coexistence Is Possible," *Bloomberg-Business* (blog), December 13, 2012, http://www.bloomberg.com/news/articles/2012-12-13/robot-workers-coexistence-is-possible/.

8. "But what they do have is software that makes sure the robots are in the right place at the right time. This was a software play." Jim Tompkins, as quoted in Sam Grobart, "Amazon's Robotic Future: A Work in Progress, *BloombergBusiness* (blog), November 30, 2012, http://www.bloomberg.com/news/articles/2012-11-30/amazons-robotic-future-a-work-in-progress/.

9. See Kevin Bullis, "Random-Access Warehouses: A Company Called Kiva Systems Is Speeding Up Internet Orders with Robotic Systems That Are Modeled on Random-Access Computer Memory," *MIT Technology Review*, November 8, 2007, http://www.technologyreview.com/news/409020/random-access-warehouses/.

10. Robert B. Reich, *The Work of Nations: Preparing Ourselves for 21st Century Capitalism* (New York: Vintage, 1992).

11. See "The Age of Smart Machines: Brain Work May Be Going the Way of Manual Work," *Economist*, My 23, 2013, http://www.economist.com/news/business/21578360-brain-work-may-be-going-way-manual-work-age-smart-machines/.

12. John Markoff, "Armies of Expensive Lawyers, Replaced by Cheaper Software," *New York Times*, March 4, 2011, http://www.nytimes.com/2011/03/05/science/05legal.html?pagewanted=all/.

13. U.S. Census Bureau, "Historical Income Tables: Households," [no date], http://www.census.gov/hhes/www/income/data/historical/household/index.html.

14. For one example, see Thomas Hungerford, "Changes in Income Inequality among U.S. Tax Filers between 1991 and 2006: The Role of Wages, Capital Income, and Taxes," Economic Policy Institute working paper, January 23, 2013, http://papers.ssrn.com/sol3/papers.cfm?abstract_id=2207372/.

15. U.S. Bureau of Labor Statistics, graph of productivity and average real earnings against index relative to 1970, from about 1947 to 2009, https://thecurrentmoment.files.wordpress.com/2011/08/productivity-and-real-wages.jpg.

16. See Illah Nourbakhsh, "Will Robots Boost Middle-Class Unemployment?" *Quartz*, June 7, 2013, http://qz.com/91815/the-burgeoning-middle-class-of-robots-will-leave-us-all-jobless-if-we-let-it/.

17. Gill Pratt, "Robots to the Rescue," *Bulletin of the Atomic Scientists*, December 3, 2013. http://thebulletin.org/robot-rescue/.

18. See Kevin Kelly, "Better Than Human: Why Robots Will—and Must—Take Our Jobs," *Wired*, December 24, 2012, http://www.wired.com/gadgetlab/2012/12/ff-robots-will-take-our-jobs/.
19. See Steven Cherry, "Robots Are Not Killing Jobs, Says a Roboticist: A Georgia Tech Professor of Robotics Argues Automation Is Still Creating More Jobs Than It Destroys," *IEEE Spectrum*, April 9, 2013, http://spectrum.ieee.org/podcast/robotics/industrial-robots/robots-are-not-killing-jobs-says-a-roboticist/.
20. Levy and Murnane, *The New Division of Labor*, 2.
21. See James Bessen, "Employers Aren't Just Whining—The 'Skills Gap' Is Real," *Harvard Business Review*, August 25, 2014, https://hbr.org/2014/08/employers-arent-just-whining-the-skills-gap-is-real/.
22. See David Wessel, "Software Raises Bar for Hiring," *Wall Street Journal*, May 31, 2012, http://www.wsj.com/articles/SB10001424052702304821304577436172660988042/.
23. For more on disability, see the 2013 NPR package by Chana Joffe-Walt entitled "Unfit for Work: The Startling Rise of Disability in America," http://apps.npr.org/unfit-for-work/.
24. Ibid.

Chapter 8

1. Robin R. Murphy and Debra Schreckenghost, "Survey of Metrics for Human-Robot Interaction," *HRI 2013 Proceedings: 8th ACM/IEEE International Conference on Human-Robot Interaction*, 197.
2. Ibid.
3. Cynthia Breazeal, Atsuo Takanashi, and Tetsunori Kobayashi, "Social Robots That Interact with People," in Siciliano and Khatib, *Springer Handbook of Robotics*, 1349–1350.
4. My discussion in this section relies heavily on Robin R. Murphy et al., "Search and Rescue Robotics," in Siciliano and Khatib, *Springer Handbook of Robotics*, 1151–1173.
5. See ibid., 1173n42.
6. See Lawrence Diller, MD, "The NFL's ADHD, Adderall Mess," *The Huffington Post* (blog), February 5, 2013, http://www.huffingtonpost.com/news/NFL+Suspensions/.
7. See Ashlee Vance, "Dinner and a Robot: My Night Out with a PR3," *BloombergBusiness*, August 9, 2012, http://www.bloomberg.com/news/articles/2012-08-09/dinner-and-a-robot-my-night-out-with-a-pr2#r=lr-fst/.

8. Intuitive Surgical 2014 annual report, p. 45 http://www.annualreports.com/Company/intuitive-surgical-inc/.
9. See Herb Greenberg, "Robotic Surgery: Growing Sales, but Growing Concerns," *CNBC*, March 19, 2013, http://www.cnbc.com/id/100564517/; and Roni Caryn Rabin, "Salesmen in the Surgical Suite," *New York Times*, March 25, 2013, http:/www.nytimes.com/2013/03/26/health/salesmen-in-the-surgical-suite.html?pagewanted=all/.
10. See Citron Research, "Intuitive Surgical: Angel with Broken Wings, or Devil in Disguise?" (report), January 17, 2013, http://www.citronresearch.com/wp-content/uploads/2013/01/Intuitive-Surgical-part-two-final.pdf; and Lawrence Diller, MD, et al., "Robotically Assisted vs. Laparascopic Hysterectomies among Women with Benign Gynecological Disease," *JAMA: Journal of the American Medical Association* 309 (February 20, 2013), http://jama.jamanetwork.com/article.aspx?articleid=1653522/.
11. See Ceci Connolly, "U.S. Combat Fatality Rate Lowest Ever: Technology and Surgical Care at the Front Lines Credited with Saving Lives," *Washington Post*, December 9, 2004, A26, http://www.washingtonpost.com/wp-dyn/articles/A49566-2004Dec8.html
12. See Nitish Thakor, "Building Brain Machine Interfaces—Neuroprosthetic Control with Electrocorticographic Signals," *IEEE Lifesciences*, April 2012, http://lifesciences.ieee.org/publications/newsletter/april-2012/96-building-brain-machine-interfaces-neuroprosthetic-control-with-electrocorticographic-signals/.
13. See "How Would You Like Your Assistant—Human or Robotic?" *Georgia Tech News Center*, April 29, 2013, http://www.gatech.edu/newsroom/release.html?nid=210041/.
14. See "Home Care Robot, 'Yurina,'" *DigInfoTV* (video/text), August 12, 2010, http://www.diginfo.tv/v/10-0137-r-en.php.
15. See SECOM, "Meal-Assistance Robot My Spoon Allows Eating with Only Minimal Help from a Caregiver," seco.co.jp [no date], http://www.secom.co.jp/english/myspoon/.
16. See Miwa Suzuki, "'Welfare Robots' to Ease Burden in Greying Japan," *Phys.org*, July 29, 2010, http://phys.org/news/2010-07-welfare-robots-ease-burden-greying.html
17. See Anne Tergesen and Miho Inada, "It's Not a Stuffed Animal, It's a $6,000 Medical Device: Paro the Robo-Seal Aims to Comfort the Elderly, but Is It Ethical?" *Wall Street Journal*, June 21, 2010, http://online.wsj.com/article/SB10001424052748704463504575301051844937276.html?
18. See, for example, Sherry Turkle, *Alone Together: Why We Expect More from Technology and Less from Each Other* (New York: Basic Books, 2012).

19. Amanda Sharkey and Noel Sharkey, "Granny and the Robots: Ethical Issues in Robot Care for the Elderly," *Ethics of Information Technology* 14 (2012): 35.
20. Bekey, *Autonomous Robots*, 512.
21. Brynjolfsson and McAfee, *Second Machine Age*, 96.
22. See "Pros Rake in More Chips Than Computer Program during Poker Contest, but Scientifically Speaking, Human Lead Not Large Enough to Avoid Statistical Tie," *Carnegie Mellon University News*, May 8, 2015, http://www.cmu.edu/news/stories/archives/2015/may/poker-pros-rake-in-more-chips.html
23. See Mark Prigg, "Robots Take the Checquered Flag: Watch the Self Driving Racing Car That Can Beat a Human Driver," *Daily Mail*, March 20, 2016, http://www.dailymail.co.uk/sciencetech/article-2959134/Robots-chequered-flag-Watch-self-driving-racing-car-beat-human-driver-sometimes.html
24. See "Computational Aesthetics Algorithm Spots Beauty That Humans Overlook: Beautiful Images Are Not Always Popular Ones, Which Is Where the Crowd Beauty Algorithm Can Help, Say Computer Scientists," *MIT Technology Review*, May 22, 2015, http://www.technologyreview.com/view/537741/computational-aesthetics-algorithm-spots-beauty-that-humans-overlook/.
25. See "*The Economist* Explains How Machine Learning Works," *The Economist* (blog), May 13, 2015, http://www.economist.com/blogs/economist-explains/2015/05/economist-explains-14/.
26. See "Exploring the Epic Chess Match of Our Time," *FiveThirtyEight* (video/text), October 22, 2014, http://fivethirtyeight.com/features/the-man-vs-the-machine-fivethirtyeight-films-signals/.
27. See Tyler Cowen, "What are humans still good for? The turning point in Freestyle chess may be approaching," *Marginal Revolution: Small Steps toward a Much Better World*, November 5, 2013, http://marginalrevolution.com/marginalrevolution/2013/11/what-are-humans-still-good-for-the-turning-point-in-freestyle-chess-may-be-approaching.html and Mike Cassidy, "Centaur Chess Brings Out the Best in Humans and Machines," *Bloom-Research* (blog), December 14, 2014, http://bloomreach.com/2014/12/centaur-chess-brings-best-humans-machines/.
28. See Walter Frick, "When Your Boss Wears Metal Pants," *Harvard Business Review*, June 2015, https://hbr.org/2015/06/when-your-boss-wears-metal-pants/.
29. See Lindsay Fortago, Philip Stafford, and Aliya Ram, "Flash Crash: Ten Days in Hounslow," *Financial Times*, April 22, 2015, http://www.ft.com/intl/cms/s/0/9d7e50a4-e906-11e4-b7e8-00144feab7de.html#axzz43Y1pFxDA/.

30. Byron Reeves and Clifford Nass, *The Media Equation: How People Treat Computers, Television, and New Media Like People and Places* (New York: Cambridge University Press, 1996), 4.
31. Turkle, *Alone Together*.
32. Sherry Turkle, *Life on the Screen*, as quoted in Brooks, *Flesh and Machines*, 149.
33. See "iRobot's PackBot on the Front Lines," *Phys.org*, February 24, 2006, http://phys.org/news11166.html#jCp.Phys.org.
34. Singer, *Wired for War*, 338.
35. See M. K. Lee et al., "Ripple Effects of an Embedded Social Agent: A Field Study of a Social Robot in the Workplace," in *Proceedings of CHI 2012*, http://www.cs.cmu.edu/~kiesler/publications/2012/Ripple-Effects-Embedded-Agent-Social-Robot.pdf.
36. Brooks, *Flesh and Machines*, 180.
37. Ibid., 236.

Chapter 9

1. Brynjolfsson and McAfee, *Second Machine Age*, 159–162.
2. On intergenerational mobility, see Tony Judt, *Ill Fares the Land* (New York: Penguin Books, 2010).
3. Jacob Aron, "Forget the Turing test—there are better ways of judging AI," *New Scientist*, September 21, 2015, https://www.newscientist.com/article/dn28206-forget-the-turing-test-there-are-better-ways-of-judging-ai/.
4. This is, of course, the path of a "paradigm shift" posited by Thomas Kuhn in *The Structure of Scientific Revolutions* (Chicago: University of Chicago Press, 1962).
5. See Gary Marchant, "A.I. Thee Wed: Humans Should Be Able to Marry Robots," *Slate*, August 10, 2015, http://www.slate.com/articles/technology/future_tense/2015/08/humans_should_be_able_to_marry_robots.html
6. See Securities and Exchange Commission (SEC), "Findings Regarding the Market Events of May 6, 2010: Report of the Staffs of the CFTC and SEC to the Joint Advisory Committee on Emerging Regulatory Issues," September 30, 2010, http://www.sec.gov/news/studies/2010/marketevents-report.pdf
7. See William Langewiesche, "The Human Factor," *Vanity Fair* September 17, 2014, http://www.vanityfair.com/news/business/2014/10/air-france-flight-447-crash/.

8. See "Despite Buzz, Navy Will Still Teach Stars," *Ocean Navigator*, January–February 2003, http://www.oceannavigator.com/January-February-2003/Despite-buzz-Navy-will-still-teach-stars/.
9. Kurzweil, *The Singularity Is Near*, 135–136.
10. As of 2016, Google shuffled the leadership of the robotics team. To be clear, I am asserting not that Kurzweil is at all connected with management of the Google (or Alphabet) robotics efforts, rather that his hiring by the same company could reflect a corporate ethos or commitment that links the Singularity and robot commercialization. See Connor Dougherty, "Alphabet Shakes Up Its Robotics Division," *New York Times*, January 15, 2016, http://www.nytimes.com/2016/01/16/technology/alphabet-shakes-up-its-robotics-division.html
11. See Greg Ross, "Interview with Douglas Hofstadter" (conducted January 2007), *American Scientist* [no date], http://www.americanscientist.org/bookshelf/pub/douglas-r-hofstadter/.
12. Antonio Damasio, *Descartes' Error: Emotion, Reason, and the Human Brain* (New York: Putnam, 1994), 226.
13. H. P. van Dalen and K. Henkens, "Comparing the Effects of Defaults in Organ Donation Systems," *Social Science and Medicine* 106 (2014): 137–42.
14. See, for example, Frank Geels, "Co-Evolution of Technology and Society: The Transition in Water Supply and Personal Hygiene in the Netherlands (1850–1930)—a Case Study in Multi-Level Perspective," *Technology in Society* 27 (2005): 363–397.

术语表

自动导引车/AGV（Automated Guided Vehicle）

在一个场所内按照预先编程好的路径运行的无人橇或卡车式的轮式载具，通常用于例行的货物传送。与机器人载具不同的是，自动导引车既不是自主运行的，也不是远程遥控的。

人工智能/AI（Artificial Intelligence）

计算机科学的一个分支，主要研究人类认知的计算机重建，既包括一般性认知，也包括在特定领域的认知。人工智能的两个子分支——机器视觉和机器学习（包括语音识别）与机器人学有直接关系。

仿真机器人/android

传统上指的是，"模仿人类的机器人"。(《牛津英语词典》)

大数据/big data

指数据量超过了传统的数据处理能力上限的数据集。因为每个机器人都配置了一系列传感器，大量机器人产生的数据十分庞大，所以通常使用大数据工具来管理和分析这些数据。

赛博格/cyborg

混合了有机体与人工控制系统的生物体。在机器人学语境里，赛博格通常是指借助计算机或机器人性能得到增强的强化人类。

美国国防部高级研究计划局/DARPA（Defense Advanced Research Projects Agency）

美国国防部负责研发军用新兴技术的机构。它一直是自动载具和机器人研究的强力支持者。

人机交互/HRI（Human-Robot Interaction）

机器人学里面研究相对薄弱的一个分支，特别是关于人类对置身其中的自主机器人的反应。

激光雷达/Lidar

通过向标的物发射激光并分析反射光来测距的遥感技术。激光雷达曾经是第一代谷歌无人驾驶汽车的核心部件。

摩尔定律/Moore's law

英特尔联合创始人戈登·摩尔在1965年提出的：集成电路上的晶体管数量每两年就增加一倍，它的全局处理能力也会加倍（这一定律至今已经维持超过50年了）。由于很多机器人任务是与计算机相关的，处理器性能的提升使得这些任务更加可行或更具经济性。

路径依赖/path dependence

在技术领域，这个概念指的是当前的选择受到以前所做决定的制约：路径依赖往往阻碍了更先进的发明投向市场，常见的例子如铁轨的宽度、键盘排列方式和文字处理软件。

机器人/robot

根据前沿机器人学家乔治·贝基所说的，机器人是“可以感知、思考和行动的机器。因此，机器人必须有传感器，模拟某些认知行为的处理能力和执行元件”。从文化上来说，机器人往往是表现出拥有类似人类能力的机械实体。

机器人学/robotics

与机器人的研究、设计和制造有关的学科：机器人科学主要利用计算机科学，同时也依赖材料科学、心理学、统计学、数学、物理学和工程学。该术语是由科幻小说家艾萨克·阿西莫夫在20世纪40年代创造出来的。

传感器/sensors

帮助机器人确定其空间位置和运行环境的传感设备：它的定位关系到机器人的行动和避障，可以感知包括温度和湿度在内的运行参数。

非载人式空中载具/UAV（Unmanned Aerial Vehicle）

远程操控的飞机平台，通常又被称为“无人机”，美国军方使用其作为侦察工具或用来运输物资。

致谢

这本历时五年写成的小书最终得以付梓，有赖于很多人的帮助，我在这里无法一一列举他们的姓名。

麻省理工学院出版社的凯瑟琳·A. 阿尔梅达（Katherine A. Almeida）、凯特·汉斯莱（Kate Hensley），特别是玛丽·勒夫金·李（Marie Lufkin Lee），一直在轮流给予我极其专业的协助，包括建议、鼓励、建设性意见和超强的执行力。我很幸运能得到这样一个强大团队的支持。

当2011年鲍勃·鲍尔（Bob Bauer）在柳树车库（Willow Garage）公司向我展示个人机器人PR2的时候，从那一刻起——如同我初次看到美国国家超级计算应用中心的Mosaic网络浏览器一样——我的世界被彻底改变了。后来鲍勃又为我介绍了很多关键的研究访谈对象，包括史蒂夫·卡森斯（Steve Cousins）、斯科特·哈桑（Scott Hassan）、詹姆士·库夫纳（James Kuffner）和莱拉·高山（Leila Takayama）。如果不是鲍勃，我也不会写作这本书，所以在此要特别感谢鲍勃。

除了感谢麻省理工学院出版社的众多匿名审稿人以外，我还要感谢三位我所知道的审稿人。史蒂夫·索耶（Steve Sawyer）对本书的早期样稿提出了中肯的批评，并无私地给出很多建议，他所提出的建议之广泛令人钦佩；通过凯特·霍夫曼（Kate Hoffman）大量的阅读回忆和评判，我加深了对动画与科幻作品的理解；作为我在技术分析领域的长期伙伴，约翰·帕金森（John Parkinson）审读了多个版本的书稿，帮助我完善了全书的整体框架，也对很多细节问题进行了修正。

最后，我要感谢曾经与我合作过的作者戴维·豪尔（David Hall），尽管他总是忙于各种事情，但每当我向他请教时，他都会给予我鼓励、关键的回应和专业的视角。他在本书付印前一个月突然离我们而去，我只能希望他会为本书的最终定稿感到骄傲。

ROBOTS

By John Jordan

图书在版编目（CIP）数据

机器人与人/（美）约翰·乔丹（John Jordan）著；刘宇驰译．—北京：中国人民大学出版社，2018.6

书名原文：Robots

ISBN 978-7-300-25737-2

Ⅰ.①机… Ⅱ.①约… ②刘… Ⅲ.①机器人学-研究 Ⅳ.①TP24

中国版本图书馆 CIP 数据核字（2018）第 083338 号

机器人与人

［美］约翰·乔丹　著

刘宇驰　译

Jiqiren yu Ren

出版发行	中国人民大学出版社		
社　　址	北京中关村大街 31 号	**邮政编码**	100080
电　　话	010－62511242（总编室）		010－62511770（质管部）
	010－82501766（邮购部）		010－62514148（门市部）
	010－62515195（发行公司）		010－62515275（盗版举报）
网　　址	http://www.crup.com.cn		
	http://www.ttrnet.com(人大教研网)		
经　　销	新华书店		
印　　刷	北京联兴盛业印刷股份有限公司		
规　　格	145 mm×210 mm　32 开本	**版　　次**	2018 年 6 月第 1 版
印　　张	6.125　插页 2	**印　　次**	2018 年 6 月第 1 次印刷
字　　数	128 000	**定　　价**	49.00 元